工业企业节能减排技术丛书

燃煤汞污染及其控制

王立刚　刘柏谦　著

北　京
冶 金 工 业 出 版 社
2008

内 容 简 介

本书在介绍当今世界流行的燃煤脱汞技术的基础上，论述了符合我国国情的残炭吸附脱汞技术以解决相关的燃煤汞污染问题。

本书前半部分讲述了燃煤汞污染物形成及演化规律，并系统介绍了目前主流的燃煤烟气汞污染控制技术及使用效果。本书后半部分介绍了作者研究的一套新型的闭路处理系统，该系统可使资源循环利用，并变废为利，此工艺具有良好的应用前景。

本书可供相关专业科技工作者及工程技术人员参考，也可作为高等学校研究生及本科高年级学生教学用书。

图书在版编目（CIP）数据

燃煤汞污染及其控制/王立刚，刘柏谦著．—北京：冶金工业出版社，2008．7

（工业企业节能减排技术丛书）

ISBN 978-7-5024-4578-2

Ⅰ．燃…　Ⅱ．①王…　②刘…　Ⅲ．汞—重金属污染—污染防治—研究　Ⅳ．X758

中国版本图书馆 CIP 数据核字(2008)第 089362 号

出 版 人　曹胜利

地　　址　北京北河沿大街嵩祝院北巷 39 号，邮编 100009

电　　话　(010)64027926　电子信箱 postmaster@cnmip.com.cn

责任编辑　王　楠　美术编辑　张媛媛　版式设计　张　青

责任校对　白　迅　责任印制　牛晓波

ISBN 978-7-5024-4578-2

北京百善印刷厂印刷；冶金工业出版社发行；各地新华书店经销

2008 年 7 月第 1 版，2008 年 7 月第 1 次印刷

850mm×1168mm　1/32；5.625 印张；148 千字；167 页；1-2000 册

19.00 元

冶金工业出版社发行部　电话：(010)64044283　传真：(010)64027893

冶金书店　地址：北京东四西大街 46 号(100711)　电话：(010)65289081

（本书如有印装质量问题，本社发行部负责退换）

出版者的话

近年来，我国经济快速增长，各项建设取得了巨大成就，但经济发展与资源、环境的矛盾却日趋尖锐。

国家“十一五”规划纲要提出，到2010年我国万元GDP能耗降低20%左右、主要污染物排放减少10%，并将其列为重要的约束性指标。为了国民经济的可持续发展和社会和谐，国家对实现节能减排目标的决心和工作力度前所未有。

实现节能减排目标面临的形势虽然十分严峻，但通过各行各业的努力，节能减排及其技术研发工作也取得了积极进展，为了总结经验，交流技术，推动节能减排技术的进步，冶金工业出版社将有重点地组织有实践经验的专家、技术人员，将其取得的最新科技成果及时归纳总结，撰写成著作，编入《工业企业节能减排丛书》陆续出版。同时，这也是让更多的科技工作者共享研究成果，记录我国工业企业节能减排技术的发展历程。

希望广大读者对本丛书的编辑出版多提宝贵意见，并欢迎有关专家踊跃参与编撰工作。

2008年4月

前　言

煤炭作为历史悠久的非清洁化石燃料，在世界各国得到广泛的应用，但是在使用过程中所产生的污染问题也一直困扰着人类。当前国内工业界对 SO_2、NO_x 等污染物关注较多，而对其中微量有害元素的大气污染研究不足，特别是对氟、汞等挥发性元素的大气环境污染还未引起足够重视。

汞污染物具有挥发性高、化学性质稳定等特点，在自然环境和生物有机体中具有累积性，其污染控制受到人们的普遍关注。但是汞污染物具有独特的物理及化学性质，使得其在污染控制方面的检测和捕获的难度较大。由于人类的普遍重视和不断努力，化工制造和金属冶炼工业的汞排放量已得到大幅度缩减。目前人们的关注重点已转向化石燃料燃烧和固体垃圾焚烧方面，在工业发达国家，如美国，这两方面就占整个人为汞污染物排放量的85%，其中燃煤电厂每年向大气排放77t汞。

由燃煤而引起的汞危害主要表现在两方面。在煤炭燃烧过程中，由于高温的作用，赋存于煤中的绝大部分汞会伴随其他微量元素，以气相形式释放。气相汞经过烟气净化装置的处理，部分被飞灰颗粒组分吸附而进入燃煤固体产物流中，其余则直接进入大气层。排入大气中的汞会成为大气层污染物，进入燃煤飞灰的汞会在飞灰的利用和处理过程中产生潜在的危害。在现阶段，人们的关注目光主要集中在燃煤汞污染的大气危害，而对燃煤产物中的汞危害研究还极少涉及。

本书前半部分讲述了燃煤汞污染物形成及演化规律，并系统介绍目前主流的燃煤烟气汞污染控制技术及其使用效果。

本书后半部分基于国家自然科学基金资助项目(50306010)的研究，讲述了一套新型的闭路处理系统，包括从飞灰中分离未燃尽炭，残炭再生并作为活性炭的替代物重新喷入烟道气中。其中残炭再生过程中的回收汞可作为成品销售，而除炭后的达标飞灰可进行安全处理或综合利用。通过综合成本估算，本工艺系统显示出良好的应用前景。

针对目前燃煤电厂汞污染问题和飞灰未燃尽炭含量超标的问题，本着“以废制废”的思想，在介绍当今世界流行的燃煤脱汞技术的基础上，本书在后半部分还论述了符合我国国情的残炭吸附脱汞技术以解决相关的燃煤汞污染问题。

本书可供相关专业科技工作者及工程技术人员参考，也可作为高等学校研究生及本科高年级学生教学用书。

本书由北京科技大学王立刚负责撰写第1章、第2章、第4章一部分、第5章、第6章、第7章、第8章和第10章，北京科技大学刘柏谦负责撰写第3章、第4章一部分和第9章。

本书的试验研究部分得到了清华大学陈昌和教授的支持和帮助，浮选试验得到了中国矿业大学水煤浆实验室谢华老师、化学环境系矿物加工实验室刘文礼老师的帮助，飞灰及残炭的物化性质分析得到了清华大学分析中心王辉高级工程师、周群老师和中国矿业大学扫描电镜室许泽胜副教授、地质大学XRD分析室陈建华老师的帮助，在此表示衷心的感谢。

本书的部分研究成果承蒙国家自然科学基金的专项经费资助，特致诚挚谢意。感谢洛伊奖学金对本书的出版提供资助。

王立刚

2008年3月

目　录

1 概　论

人类很早就发现并利用金属汞。在汞的提炼和利用过程中，人类也随之认识到汞对人体健康和自然环境的危害。汞污染物具有挥发性高、化学性质稳定等特点，在自然环境中不易分解，可持续累积（如甲基汞），且对神经健康有持续危害。在 1999 年的美国洁净空气修正案（CAAA）中被定为主要的大气污染有害微量元素之一。因为汞污染物在自然环境和生物有机体中具有累积性，所以其污染控制受到了人们的普遍关注。但是汞污染物具有独特的物理及化学特征，使得其在污染控制方面的检测和捕获难度较大。

人为的汞污染物排放源有多种类型，从 1970 年起，由于人们的普遍重视和不断努力，化工制造和金属冶炼工业的汞排放量已大幅度缩减，目前人们的关注重点已转向化石燃料燃烧和固体垃圾焚烧方面。在工业化发达国家，如美国，这两方面就占整个人为汞污染物排放量的 85%，其中燃煤电厂每年向大气排放 77t 汞。

由燃煤而引起的汞危害主要表现在两方面。在煤炭燃烧过程中，由于高温的作用，赋存于煤中的绝大部分汞会伴随其他微量元素，以气相形式释放。气相汞经过烟气净化装置的处理，部分被飞灰颗粒组分吸附而进入燃煤固体产物流中，其余则直接进入大气层。排入大气中的汞会成为大气层污染物，进入燃煤飞灰的汞会在飞灰的利用和处理过程中产生潜在性的危害。现阶段人们主要关注燃煤汞污染的大气危害，而对燃煤产物中的汞危害研究还极少涉及。

因为燃煤烟气的独特性质，所以燃煤汞污染的控制对工程界具有挑战性。首先，燃煤烟气中的汞污染物以多种形式存在，包括单质气相汞、气相氯化汞及氧化汞、固相硫酸汞及氯化汞等。再者，燃煤烟气中汞的质量浓度非常之低（4～120μg/m^3）。另外，烟气的流量较高（可高达1300m^3/s）。

到目前为止，从气相流中脱除汞的工程技术可分为液相湿法吸附、金属汞齐化法和吸附剂吸附法等。其中吸附剂吸附法在自然气流、氯-碱加工车间的通风气流和各种燃烧过程中烟气汞脱除方面得到广泛应用。最常应用的吸附剂是活性炭、沸石或其化学浸渍态。最近，有分离提取固体废物组分作吸附剂的报道，如从燃煤飞灰中回收未燃残炭和使用焚化烟炱[1,2]。

对于燃煤烟气的汞污染控制，活性炭是主流吸附剂。可应用于固定床吸附和直接喷入烟道气流中。其中活性炭过滤床在欧洲得到广泛应用，而在美国则更多地使用活性炭喷入技术，其在控制固体废料焚化的汞污染问题更加有效。美国电力研究院（EPRI）于1996年对此项技术在现行应用规模上进行了一系列综合检验和评估。结果表明此技术存在运行费用高和飞灰对载汞炭粒的潜在污染问题，2000年8月美国国家科学研究院完成了对自然环境中汞污染物控制的系统研究，提出每天每千克体重汞的摄入量超过0.1μg将会对婴幼儿的神经和发育造成显著危害。2000年11月美国环保局提出到2007年燃煤锅炉汞的排放量应得到控制。完整的燃煤电厂汞排放标准在2004年出台，并在2007年得到完全推广，整个时间表的制定为发展相应的汞污染控制技术提供了缓冲时间。在目前，没有一项污染控制技术能够在燃烧不同类型煤炭的各种燃烧系统中均达到较高控制标准，因此要达到预期目标可能会面临重大挑战。现有主流的燃煤汞污染控制技术成本比较高，每脱除1kg汞的技术成本为$11023～61728[3]，折合到电价中的涨幅为0.1～0.8美分/(kW·h)，越是小电厂(200MW)，其电价涨幅值越高。美国环保局（EPA）经济评估表明活性炭喷射技术的应用可导致燃煤电价增加4.4%，而其中价格增长的95%来自活性炭的成本。因此，廉价吸附剂的应用，协同其他因素，是此项技术能在燃煤汞污染控制方面成功商业化应用的关键因素。所以本书在后半部分提出一套闭路系统以处理燃煤汞污染问题，并研究与此相关的基本理论问题。

在此系统中，从燃煤飞灰中分离得到的未燃残炭，作为吸附剂应用于常规炭粉喷入技术中，以控制燃煤汞污染。包括从飞灰中分离载汞残炭、残炭的再生和汞的脱附和回收，并将再生残炭回注至燃煤烟气中。该系统的应用有助于解决燃煤电厂所存在的双重汞污染问题。

其中的具体研究内容涉及到：

(1) 高效的飞灰残炭浮选柱分离工艺；

(2) 飞灰颗粒组分中汞的赋存分布；

(3) 分离残炭的基本吸附特性；

(4) 未燃残炭的汞吸附等温线研究。

实验选择测试不同类型的飞灰及残炭样品，并选择商业气相吸附活性炭样品做平行对比试验。其中汞吸附模拟试验为本研究的重点，分析的重点放在吸附等温线和吸附机理的解释和处理方面。

虽然本研究针对燃煤电厂烟气的汞污染控制，但此技术可拓展至其他含汞气流的污染控制，如焚化炉烟气、自然气流和氯-碱加工车间的通风气流等，并具有潜在应用价值。

2 汞的基本性质及污染危害

本章主要内容包括：汞的一般性质、汞排放源特点、燃煤烟气中的汞系污染物类型、当前主要的汞污染控制技术和从飞灰中分离富集残炭的技术回顾。

2.1 汞的基本性质

2.1.1 汞的发现及历史应用

人类利用汞的历史悠久。20 世纪初中国河南省安阳县出土的殷墟遗址文物中，就有涂饰优质朱砂的矛戈盔甲。另外，在大约建于公元前 1500 年的埃及古墓中，也发现了用朱砂作颜料的事实。这些考古发现表明，早在几千年前具有鲜艳红色的天然硫化汞就被人类应用于装饰艺术了。

在中国出土的公元前三四世纪的青铜文物上有镀金技术，根据历史记载推断，这种技术为汞齐“镀金（镑金）法”。例如汉武帝（公元前 140 ~ 公元前 88 年）时，司马迁所著《史记 · 封禅书》[4] 中，记有“丹沙化为黄金”，故可认为当时人类已能利用金属汞了。

古代文学史所公认的最重要著作之一，由后汉许慎所著的收载约一万条字义的《说文解字》[5] 中，指出“丹”字的来源是由“井”字内加“、”这一象形文字演变而来，并说明：“丹者，巴越之赤石”。此字象征取丹之井及代表井中之石的“、”。所以丹字指的就是硫化汞。

《史记》中也记述有这类采掘方法的内容，如“巴蜀（今之四川省）因能坚守先祖之丹穴，得以致富而自立”。这段记载较《说文解字》更早。

后汉时期所编的《神农本草经》[6]中收载有“水银”条目，其注释为：“别名汞，有泊恶疮、疥癣、寄生虫性秃发及堕胎之效”且“可溶化金钗钢锡”。可以看出，当时对其疗效的记载与现今的汞软膏完全一致；而且，当时已充分掌握了有关汞齐的丰富知识。该书以“丹沙”为名收载有硫化汞条目，其注释中除有长生不老或今称为镇静剂等的药效之外，尚记述有“能转化为汞”的字句，这表明在公元前人类业已掌握了用硫化汞冶炼出金属汞的技术。

现代的天然硫化汞矿石称为辰砂，因为“以辰州产者品质最佳，故称辰砂”[7]。辰州位于今之湖南省。昔日中国的主要产汞地区，以长江中游的内陆山区为最盛，尚有甘肃省东部及盛产越砂的广西山区；15 世纪以前，上述地区为我国三大产汞地区。

2.1.2 丰度及赋存状态

汞的地壳丰度平均值为 $8\times10^{-6}\%$，微量金属矿床一般多见于以火成岩为母岩的矿床中。原始矿床是由含有岩石成分和各种金属元素的熔融岩浆，在地壳内凝固过程中形成。汞含量在 0.1% 以上的矿石具有经济价值；但对现代冶炼技术来说，矿石中汞含量最好在 0.2% ~0.3% 左右，故一般将高、低品位矿石混合冶炼。从世界范围看，辰砂及天然汞是最主要的矿石；已知的汞矿石还有：汞齐（Amalgam Ag-Hg）、晒汞矿（Hg-Se）、硫汞锑矿（Livingstonite $HgS\cdot2Sb_2S_3$）、橙红石矿（Montroydite HgO）、氯汞矿（Eglestonite Hg_4Cl_2O）、铵汞矿（Mosesite Hg-NH_4）、碲汞矿（Coloradoite HgTe）等。表 2-1 列举了不同岩石、化石燃料及城市固体垃圾中汞的丰度水平。

表 2-1 地壳岩石和人为排放固体废物的平均汞含量

来　源	平均汞含量	报告者
酸性火成岩	$4\times10^{-6}\%$	A. Buhorpanob（1956）
碱性火成岩	$9\times10^{-6}\%$	A. Buhorpanob（1956）
超碱性火成岩	$1\times10^{-6}\%$	A. Buhorpanob（1956）

续表 2-1

来　源	平均汞含量	报 告 者
火成岩	（8～50）$\times 10^{-6}\%$	A. Rankan（1950）
石灰岩	$3\times 10^{-6}\%$	K. P. Krauskopt（1955）
砂　岩	（1～3）$\times 10^{-5}\%$	K. P. Krauskopt（1955）
页　岩	$4\times 10^{-5}\%$	K. P. Krauskopt（1955）
花岗岩	$8\times 10^{-6}\%$	K. Turekiank（1961）
玄武岩	$9\times 10^{-6}\%$	K. Turekiank（1961）
变质岩	（0.2～10）$\times 10^{-6}\%$	U. S. Geolog. Surv.（1970）
变质泥岩	（0.2～250）$\times 10^{-6}\%$	U. S. Geolog. Surv.（1970）
煤	［1～500（30）］$\times 10^{-6}\%$	Fergusson（1990）
铅/铜精矿	$2\times 10^{-3}\%$	Bodle et al.
天然气	180μg/m³	Smith（1987）
城市固体垃圾	（3～5）$\times 10^{-4}\%$	Radian Corjp.（1988）

2.1.3　汞的冶炼

早在公元前，人类就根据将辰砂加高温使汞气化，然后冷却生成金属汞滴的简单原理，以辰砂为原料进行了汞的制造。在现代冶炼法中，由烧结气体形成的烟道烟炱内，可用肉眼观察到金属汞微粒，分析结果表明金属汞含量达97%。由此也可推测，辰砂矿的烧结冶炼法，是自古以来就已为人所熟知的方法。古代文献中载有许多关于炼汞法的图解，其具体方法是将辰砂矿石及生石灰等装入锅灶内，用薪柴在外部加热；锅中形成的汞蒸气经导管引入水瓮，使其在瓮壁或水中冷却而形成金属汞滴。这种技术，即使在今天，也仍然在回收废催化剂中汞等手工业中沿用。在通风式操作法中，其化学反应式如下：

$$HgS + O_2 \longrightarrow Hg + SO_2 \tag{2-1}$$

在用生石灰或铁屑做脱硫剂的方法中，其化学反应式如下：

$$4HgS + 4CaO \longrightarrow 4Hg + 3CaS + CaSO_4 \tag{2-2}$$

$$HgS + Fe \longrightarrow Hg + FeS \tag{2-3}$$

后一方法多用于冶炼高品位矿石，而处理含有低品位矿石的大量矿石时，主要应用前一种空气氧化法。这类方法的加热温度通常为600～700℃，用以保持适宜的汞蒸气压。

2.1.4 主要物理性质

汞的原子序数为80，相对原子质量为200.59，是常温下呈液态的唯一金属，难溶于水。液态汞呈银白色金属光泽，汞的主要物理性质见表2-2。其中与本研究有关的物理性质主要为熔点、沸点和蒸气压。

表2-2 汞的主要物理性质

原子序数	80
电子构造	$5d^{10}6s^2$
熔点/℃	−38.87
沸点/℃	356.58
黏度/Pa·S	1.685×10^3(0℃), 1.407×10^3(50℃), 1.240×10^3(100℃)
表面张力/$N\cdot m^{-1}$	0.464
溶解度(水,20℃)/$g\cdot 100mL^{-1}$	2×10^{-6}
熔解热/$kJ\cdot g^{-1}$	11.7152
蒸发热/$kJ\cdot g^{-1}$	283.6752
热导率/$W\cdot(m\cdot K)^{-1}$	8.34
原子半径/nm	0.144
质量热容/$J\cdot(kg\cdot K)^{-1}$	141(0℃), 140(25℃), 138(100℃)
电负性	1.9
电离能/kJ·mol	1008(I_1), 1777.4(I_2)

汞蒸气压显著（20℃时为15mg/m^3；100℃时为72 mg/m^3），可用式（2-4）计算，

$$\log P_0 = -\frac{0.05223a}{T} + 7.752 \tag{2-4}$$

式中 P_0——蒸气压，Pa；

$a = 53.700$；

T——绝对温度，$T = 273 \sim 1573\text{K}$。

由 Aylett 提出的公式更加准确，如式 2-5 所示，

$$\log P_0 = 9.957094 - \frac{3283.92}{T} - 0.665240\log T \quad (2\text{-}5)$$

式中 P_0——蒸气压，Pa；

T——绝对温度，$T = 393 \sim 708\text{K}$。

经计算，20℃下的汞蒸气压为 0.1596Pa（13.20mg/m^3），而在 150℃下的汞蒸气压为 373.331Pa（21351.64mg/m^3）。

在熔点温度下，其固体密度为 14.1932g/mL。为八面体结晶结构，晶格为菱面结构至面心立方晶格被挤压而向本身对角线方向变形的状态，净晶格常数为 $a = 0.2999\text{nm}$（-46℃），$\alpha = 70°32'$。

原子间距（Hg-Hg）在菱面体内为 0.347nm，相邻各面间为 0.300nm。汞的膨胀系数大，而且在较大温度范围内基本保持稳定，如在 0～100℃之间其体积膨胀系数为 1.82×10^{-4}℃。

汞的电导率为银的 1.58%，当断面为 1mm^2、长度为 1.063m、温度为 0℃时的电阻为 1Ω。其密度见表 2-3，蒸气压见表 2-4。

表 2-3 汞的密度

温度/℃	密度/g·mL^{-1}	温度/℃	密度/g·mL^{-1}
-38.87	13.902	40	13.4973
-20	13.645	50	13.4729
-10	13.6202	70	13.4244
0	13.5955	100	13.3522
10	13.5708	150	13.233
20	13.5462	200	13.1148
30	13.5217	300	12.8806

表 2-4 汞的蒸气压

温度/℃	-20	0	20	40	60	80	100
汞的蒸气压/Pa	0.0024	0.0247	0.1601	0.8105	3.3650	11.8390	36.3836

2.1.5 主要化学性质

汞在常温干燥气体中表现为稳定元素，与氢气和惰性气体亦不起反应，但会在室温下与所有的卤素元素反应生成卤化汞。汞易与硫反应生成硫化物。高温时与氧发生反应，该反应也可由紫外线和电子轰击来激发。在加热到300℃以上时形成氧化汞 HgO（二价），但加热到400℃以上时，氧化汞再度分解，汞再度游离出来。汞在室温下可被臭氧所氧化，生成 HgO。

$$Hg + 1/2O_2 = HgO \quad (>300℃) \tag{2-6}$$

$$HgO = Hg + 1/2O_2 \quad (>400℃) \tag{2-7}$$

其他可直接与汞起反应的元素有硫、硒和碲。氮、磷、砷、碳、硅和锗并不直接与汞反应。对于氧化物如 SO_2、SO_3、N_2O、NO、CO、CO_2，室温下对汞呈惰性。但 NO_2 与汞强烈反应生成亚硝酸汞，其最终形态是硝酸汞。

稀盐酸和稀硫酸均不与汞发生反应，但中等浓度的盐酸(6mol/L)和硫酸(3mol/L)会与汞起轻微反应，并生成少量汞盐。热的浓硫酸会溶解汞而生成 Hg_2SO_4、$HgSO_4$ 和 SO_2，而对于硝酸则视反应条件不同而生成一系列产物：$Hg_2(NO_2)_2$、$Hg(NO_2)_2$、$Hg(NO_3)_2$、NO 和 NO_3，磷酸不与汞反应。另外，汞与王水反应，生成氯化汞(二价)，与热的浓硝酸反应则生成硝酸汞(二价)。

汞通常不与碱起反应，但空气中的氨可与汞反应生成 HgNOH。汞可以同某些化学制品的水溶液反应，如与 KI 生成 K_2HgI_4；与 ZnI_2 生成红 HgI_2；可被氧化剂(例如过硫酸盐、碱性 Mn(Ⅶ)、酸性 Cr(Ⅵ)和 Fe(Ⅲ)等)氧化为一价及二价汞，但一价汞化学性质不稳定，常以中间产物形态存在。

汞可同一些金属发生独特反应（汞齐反应），如汞-银、汞-金等汞齐反应。

汞可同很多有机化合物反应生成有机汞化合物，如在空气和水中均很稳定的甲基汞，其对自然环境和人体有较大毒性。

2.1.6 毒理学和危害

汞在常温下蒸气压显著，其蒸气无色无味，比空气重 7 倍。汞及其化合物毒性都很大，可通过呼吸道、皮肤或消化道等不同途径侵入人体。汞中毒会引起肾功能衰竭，并损害神经系统而使人体运动失调、听觉损害和语言障碍等。汞与铅或锰同时存在有加重毒性的作用。汞毒性具有积累性，往往需几年或十几年才有表现。

金属汞由于具有高度扩散性和脂溶性，因此其一旦进入血液中，很容易蓄积在脑组织中，并造成脑部的严重伤害。汞进入人体后，主要集聚于肝、肾、大脑、心脏和骨髓等部位，造成神经性中毒和深部组织病变，所以金属汞中毒主要在临床上表现为神经性病变。无机汞化合物如属于难溶性汞化合物，则较难被人体吸收，若属于可溶性汞化合物，则很容易在肾脏和肝脏中蓄积造成病变。甲基汞可以迅速进入血液而到达脑部，并对于大脑皮层和小脑造成严重伤害。所以有机汞的毒性比元素汞的毒性更大。汞与机体蛋白 SH 基发生牢固结合，从而抑制其活性。而且汞的生物浓缩，对于处于食物链终端的人类有重大影响。2000 年 8 月美国国家科学研究院通过对自然环境中汞污染物的人体危害研究，得出每天每千克体重汞的摄入量超过 0.1μg 将会对婴幼儿的神经和发育造成显著危害。

近年来汞化合物对遗传基因的影响得到了广泛的研究。汞化合物的致突变性与其和核酸作用以致影响细胞的功能有很大的关联性，如甲基汞会对染色体造成伤害。汞(Ⅱ)也会与老鼠肝脏的染色体键接等。DNA 的溶点会随核酸碱基的组成和汞质量浓度的不同而有所改变，CH_3HgOH 会使动物和细菌的 DNA 变性等。

汞常被用于各种工业制造过程中，如氯碱工厂、电器厂、颜料油漆制造过程中均需要一定量的汞，生活垃圾中常见的含汞物质包括废灯管、废电池及废弃电器设备（温度计、压力计、水银灯管、水银电池、荧光灯、电器组件等，主要是在使用后破损及弃置）等，倘若这些物质不加以回收利用或以特殊方法控制处理，一旦焚化后将有相当数量的汞排放到大气中。所以，随着垃圾焚烧比例的增加，垃圾焚烧厂所排放出的汞量不可忽视。

通过对日本某些区域空气的测量，其汞质量浓度高达 10000μg/m³。据 Senior 报告[8]，测定的美国两个城市大气中悬浮汞颗粒的质量浓度如表 2-5。

表 2-5 测定美国两个城市的悬浮汞质量浓度

城　市	平均质量浓度/μg · m⁻³	质量浓度范围/μg · m⁻³
辛辛那提	0.10	0.03 ~ 0.12
查理士堡	0.17	

由于汞污染物具有挥发性高，化学性质稳定，在自然环境中不易分解、可持续累积（如甲基汞），且对神经健康有危害等特性。在 1999 年的美国洁净空气修正案（CAAA）中被定为主要的大气污染有害微量元素之一。在美国，燃煤锅炉是目前最大的人为汞污染源，每年排放将近 50t 汞污染物，约占整个人为排放量的 1/3。

对于我国这样的以煤为主要能源的大国，煤炭占能源结构比例大，特别在现阶段，作为一次能源，煤主要的利用形式是燃烧。燃煤所引起的汞污染就显得尤为突出。由于汞对人体和自然环境的危害性，燃煤汞污染被认为是继燃煤硫污染之后的又一大污染问题。

2.1.7 汞污染控制的相关标准和法规

美国和欧洲等工业发达国家自 20 世纪 80 年代末就开始对燃

煤汞污染进行研究，到目前已积累了相当丰富的经验。2000 年 11 月美国环保局（EPA）对燃煤汞排放控制提出了具体时间表，提出在 2003 年 11 月给出控制标准框架，到 2004 年 11 月制定完善标准，并在 2007 年前得到完全推广使用。制定相关标准时需要考虑到汞的毒性影响；燃煤锅炉排放的汞污染物的类型以及排放量；污染控制技术的脱除能力。为了达到 CAAA 的要求，EPA 已经向美国国会提交了两项有关汞污染的研究报告：汞的研究报告和空气污染的危险性报告。这两项报告均认为燃煤锅炉是美国最大的汞排放源，大约占整个人为排放量的 31%（如图 2-1）。根据 1999 年 EPA 信息收集规则（ICR）收集的电力系统用煤的汞含量数据，对燃煤汞排放量做出了更详尽的评估。另外，ICR 还对 84 家使用不同类型燃煤的电厂的汞排放量和空气污染控制做出调查。由 EPA 和 EPRI 所收集的数据显示 1999 年美国燃煤排放的 75t 汞中大概有 40% 被飞灰和残渣吸收，其余的 60% 则被排放到了大气中。不同电厂汞排放率变化极大，大约在10% ~ 90%之间。

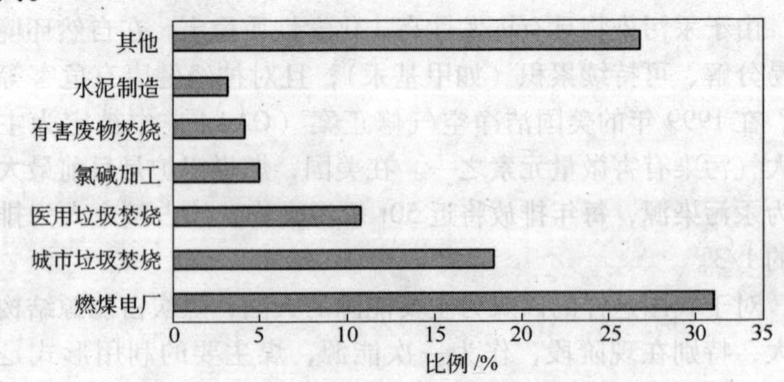

图 2-1 美国各种汞排放源所占比例

针对不同污染控制技术水平、对健康的危害程度以及市场需要，人们提出了各种方案。下文主要讨论每种技术的优缺点。

2.1.7.1 主流控制方法

目前虽然有很多可以控制汞排放的实用技术，但是没有一项技术能凭借出众的效果被广泛使用，因此很难在工业生产中制定相应的技术标准。一些电厂通过综合使用几种控制技术，最高可以使汞脱除效率达到90%。EPA估计如果使用活性炭喷射技术来脱除90%的汞污染物，其成本大约在$11023~61728/kg之间。但美国能源部（DOE）认为其控制成本应在$55115~154322/kg之间。初步估计，因此而带来的电价成本涨幅将在0.1~0.8美分/（kW·h）之间；而对于产量小于200MW的小型电厂，其电价成本会增加更多。通常在实际操作中，可以采用降低污染控制标准的方法来降低成本。燃烧烟煤的电厂还可以通过使用湿法脱硫（WFGD），使成本增加最小化。这些电厂在控制成本增加最小化的前提下，通过WFGD可以脱除85%~90%的汞（Ⅱ）。对于燃烧低品位次烟煤和褐煤的电厂，由于必须先将所排放的Hg^0氧化为二价态才能够脱除，因而成本高出很多。简而言之，那些主要排放Hg^0的电厂在成本有限的前提下，要想提高汞的脱除水平会面临更多困难。

2.1.7.2 基于市场的控制方法

在商业化运作中，根据市场需求将成本控制到最低，湿法洗涤和干法吸附剂喷射应用于大型高效和低成本的电厂中，其他电厂可采用的有效方法有煤炭洗选等。汞在大气中主要以Hg^0的形式存在，由于Hg^0分布广泛并且在大气中能稳定存在1~2年，因此在排放源头上对其捕集非常重要。另一方面，由于汞（Ⅱ）和微粒汞主要沉积在排放源附近，因此不适合在其他地方捕集。ICR数据显示美国西部次烟煤和褐煤所排放的汞污染物主要以元素形态存在，这就意味着其中东和东部地区的汞排放比落基山西部和北部大平原地区更容易控制，因为这些地区所燃烧的烟煤主要排放氧化态的汞。

2.1.7.3 多种污染物联合控制方法

在现阶段，决策者越来越倾向组合采用数种不同污染控制技术来改善环境质量。将汞污染物的排放控制同其他污染物控制相结合。美国在2002年2月已制订出空气洁净计划——《2002年空气清洁法案》，提出在2018年前要将大气中 NO_x、SO_2 和汞减少70%。

目前，环境保护组织认为一体化污染物控制技术在相同的投资及运行成本前提下，更能综合脱除空气污染物质。如，可以通过调整常规WFGD，使之既能控制 SO_2 排放又能控制汞排放，在成本效益上达到优化。即使在当今重视燃煤选取和设备运行工况的情况下，一体化污染物控制技术仍然扮演着重要角色。

2.2 大气圈中汞的种类及汞循环

2.2.1 汞的种类

一般而言，汞存在形态可分为无机汞、有机汞和金属汞三大类，如图2-2所示，金属汞常见为温度计指示液以及金、银、锌、锡、铬、铅等汞剂。典型的无机汞化合物包括硫化汞（HgS）、氯化亚汞（HgCl）、氯化汞（$HgCl_2$）及氧化汞（HgO）等。硫化汞主要以矿石形态存在，常用作金属汞和朱色原料，用作印泥及漆器涂料中。氯化亚汞又称为甘汞，曾用作泻剂及利尿剂等药物中。氯化汞曾用于制造氯乙烯，也曾用于消毒药剂及各种工业药品中。氧化汞则主要用于汞电池制造。

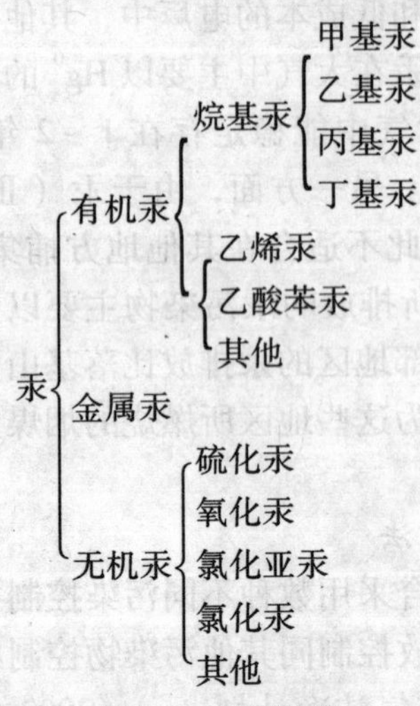

图2-2 汞的种类

汞主要有0、+1、+2三种价态。由于汞转化为离子的倾向小于其他金属，所以汞能以零价（元素汞）存在于土壤和天然水中。一般而言，自然环境中的氧化还原电位和pH值常决定着汞在环境中以何种价态存在。在正常天然淡水的pH值和氧化还原电位范围内，汞主要以元素汞（Hg^0）、二价汞（$Hg(OH)_2$ 和 $HgCl_2$）的形态存在。

自然界中的无机汞常由生物作

用而转化为有机汞，然而有机汞多半是由汞取代有机物中的氢、氮、卤素或其他金属原子反应生成。动物、植物、微生物体内的有机汞种类有：烷基汞（如甲基汞、乙基汞等）和芳香族烃基汞等（如图2-2）。

2.2.2 大气圈汞污染源

除火山喷发等自然因素外，人类活动是汞污染的主要来源，人类活动所产生的汞污染源有化石燃料燃烧、城市固体垃圾焚烧、水泥制造、氯-碱加工和金属冶炼等。美国EPA在1990年的统计资料中指出，美国汞排放每年约为300t，其中85%来自于化石燃料燃烧和垃圾焚烧。美国的主要气相汞污染源及其污染控制技术如表2-6所示。估计全球汞排放量每年约为6100t左右，其中2500t属自然排放，余下3600t为人为排放。王起超等估算仅1995年我国燃煤汞排放量就达302.9t，向大气排放量为213.8t。Reimann等人[9]对欧美城市垃圾采样调查指出，欧美各国垃圾中汞含量为2~5g/t，1995年美国垃圾焚烧汞排放量约为11~30t，可见垃圾焚烧是汞污染的另一个主要来源。

表2-6 主要气相汞污染源及污染控制技术

主要气相汞污染源	汞源及丰度	排放率 /t·a^{-1}	汞质量浓度 /μg·m^{-3}	汞污染物类型	气体流速	主要控制技术
燃煤锅炉	燃煤0.24×10^{-4}%	77.2	4~100	元素态	大	炭粉喷入
垃圾焚烧	固体垃圾（3~5）×10^{-4}%	118.2	40~2000	化合态	中	炭床吸附
初级铅/铜冶炼	铅/铜富集 20×10^{-4}%	8.8	5000	元素态	中	湿法涤气
氯-碱加工通风气流	汞电极	5.9	5000	元素态	中	硒法过滤
气体液化加工	自然气体（0.005~3000）×10^{-7}%		0.005~3000	元素态	小	炭/沸石床层吸附

来源：Sclager[10] *et al.* 1994

除汞蒸气之外，汞的化合物也可引起空气污染。这些化合物，以气溶胶形式存在于周围大气中。此类化合物可分为两大类：无机汞化合物和有机汞化合物。无机汞化合物，包括离子键的亚汞或汞盐类，例如氯化亚汞和氯化汞；而有机汞化合物则包括同碳原子成共价键的化合物，如二甲基汞和醋酸苯汞。

如前所述，燃烧矿物燃料所释放的汞，是大气汞污染的主要来源。煤在燃烧过程中，所含的汞有90%变为气态排入大气，Senior[11]等针对实际燃煤锅炉，探讨了汞等多种金属的变动情况；发现元素沸点越低，其在灰分中的残留率越小。试验中的燃煤（灰分为6%）每燃烧1min，就释放98mg的汞。其中残留于灰分和煤气清洗器中污泥而被去除的汞，只有4.08mg；而其余的96%的汞均逸散到大气之中。如果没有清除装置，则逸散到大气中的汞可达98%。在煤中，汞的含量在十亿分之几到百万分之几之间，主要与硫化矿物（如硫铁矿）亲和[12]。按每年烧煤5亿t，则每年有450t的汞进入大气中。Equilibrium[13]在装有静电除尘器（ESP）的燃煤锅炉中观察了汞的分配情况。燃煤入料量为1470kg/min（燃煤汞质量分数为$1.22\times10^{-5}\%$，数量为152.5mg），产生底灰84kg，其含汞量为0.028mg，总量为2.35mg。而ESP收集的飞灰为73.9kg，其中残留汞为$5\times10^{-6}\%$，3.68mg。试验共进行两次，结果进入锅炉中的汞量平均为180mg/min，燃烧后底灰中残留2mg（1%），ESP捕集4mg（2.2%），废气中汞的排出量应为170mg（94.4%），但实际只检出100mg的汞；而其余70mg汞的去向可能与飞灰多孔介质的自吸附脱除作用有关。

上述试验均在大型高效的现代化煤粉炉中进行，测试结果说明在煤燃烧过程中，煤中所赋存的汞绝大部分被排放到大气中。

当大气温度低于20℃时，自然状态空气中的汞蒸气分压即迅速降低，出现凝结。若燃煤中含硫量较大，则产生大量硫化汞等气溶胶。因此，燃煤排放烟气中的汞，夏季大多是气态；冬季当烟气进入空气后温度降至20℃以下时，则大量迅速凝结为微小的金属汞珠或各种含汞气溶胶。其重力沉降可造成大型燃煤火电厂冬季下风侧近距离的较高总汞含量。

大量研究表明烟道气中气相汞含量与燃煤飞灰及原料煤特性相关性显著。对于烟煤电厂，大约10%的汞会因飞灰自吸附脱除效应而被脱除，这可能与飞灰中高残炭组分含量有关[14]。而对于无烟煤电厂，当飞灰中含炭量较低（小于3%）时，汞脱除率在4%以下[15]。

2.2.3 大气圈汞循环

排放到外界环境中的汞及其化合物经过一系列循环及演化，对人体健康和生态环境有危害。汞一般以金属汞蒸气的形式进入地球化学循环，并演化生成挥发性有机化合物、水溶性盐类及化合物。如前所述，汞的挥发性较高，20℃下的汞蒸气压为0.16Pa（13.20mg/m^3）且随温度升高而迅速增加。

离子汞通过两个途径以挥发作用进入大气层，首先是化学或生物降解转化为元素态，其次是生物转化为挥发性有机化合物，主要为短链羟基汞化合物。

汞及其化合物在水圈中的循环过程主要受其水溶性控制，金属态汞在水中的溶解度很小，为2×10^{-5}g/L，但其氧化态的溶解度一般要强得多；离子汞化合物的水溶性除了取决于化合物本身特性外，还取决于水的pH值、水温、阴离子复杂程度和其他有机金属络合物。降水是汞及其化合物进入水圈的主要途径，而汞通过降水、沉淀和生物降解作用进入土壤圈。汞的生物-地球化学循环见图2-3，其中细菌在汞的演化过程中起着很大作用。

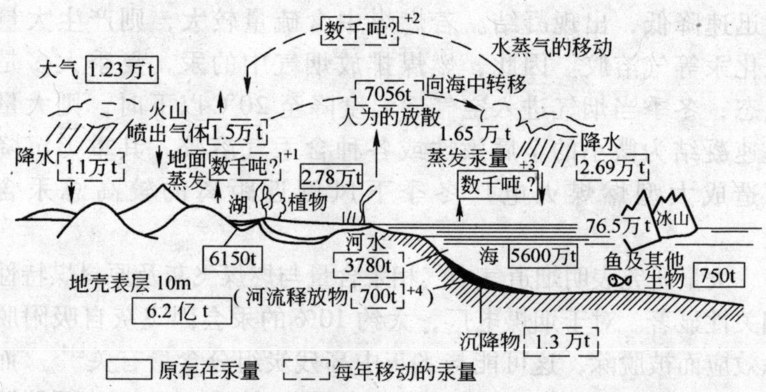

图 2-3　全球规模的汞循环示意图

假定降落到陆地上的汞，有 70% 将再度蒸发发散，约为 7900t，其中有 5400t 进入海洋；向陆地降落总量中的不足部分（3100t），由海洋补充；海洋的蒸发汞量按 8100t 计算；河流中的土砂沉积物共 140 亿 t，其平均汞质量分数为 $5\times10^{-6}\%$；此处数值系河流中转移到海洋沉积物的部分汞量。

3 煤燃烧过程中汞污染物形成及演化的热力学过程

煤中的微量元素常赋存于不同的矿物中。微量元素与矿物的亲和表现为：（1）作为成矿元素或作为取代晶格中其他元素的次要成矿元素；（2）吸附于某些矿物（如黏土矿）中。汞可与有机官能团、有机化合物和有机螯合物结合。汞在煤中通常以黄铁矿（FeS_2）和辰砂（HgS）的形式存在，一些汞同煤中有机质结合，煤中所有形式的汞在锅炉燃烧器中均全部分解，形成 Hg^0。

煤中赋存的汞，无论是单质汞还是二价汞化合物，在锅炉燃烧区内（温度超过500℃时），会伴随其他微量元素，转化为气相进入烟道气中，其蒸气体积浓度在 $1\times10^{-10}\sim2\times10^{-9}$之间。当燃烧区温度达900℃时，99%的汞转化为气相[16]。伴随烟气的逐步冷却，汞经历一系列物理和化学变化，部分凝结在亚微米飞灰颗粒表面上，而绝大部分汞系污染物主要以气相形式存在于烟气中，随烟气排入大气。Equilibrium[17]研究表明随燃煤烟气温度的降低（260~900℃），部分 Hg^0 被氧化为气相 $HgCl_2$ 等一系列汞系污染物。不同化学形态的汞系污染物具有不同的物理、化学和生物特性。燃煤烟道气中汞的转化示意见图3-1，美国 North Dakota 大学的 C. G. Kevin 和 J. Z. Christopher[18]的研究表明，汞氯化反应（如：$HgCl_2$(g)生成反应）是燃煤烟道气中汞转化的主导反应。其余汞转化反应，如 Hg^0(g)生成 $Hg^{2+}X$(g)（X为O等）和 Hg^0(g)及 $HgCl_2$(g)生成汞化合物微粒（Hg(p)）❶等，主要通过汞与飞灰颗粒表面活性点的相互作用形成，而表面活性点一

---

❶ Hg(p)指颗粒形态的汞。

般包括化学活性基团、氧化催化剂和活性吸附位。其他测试数据也表明随反应条件不同，有 10% ~80% 的气相 Hg^0 被氧化形成 $HgCl_2$，在温度低于 400 ~500℃时，Hg^0 的氧化热化学反应停止进行。

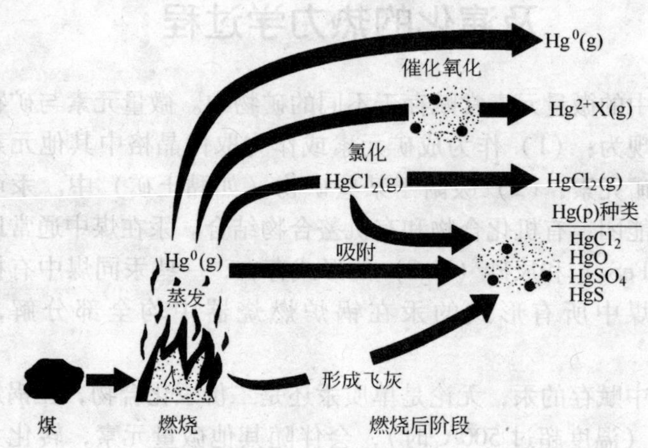

图 3-1 燃煤电厂烟道气中汞的转化示意图[8]

影响汞污染物的类型与数量的因素有多种，如锅炉的设计参数、燃料煤类型、燃煤化学组成、燃烧环境（气相组成和还原/氧化条件）、燃烧工况（如空气/燃料比和燃烧温度）、热传输/冷却速率、对流冷却的滞留时间、空气污染控制装置和操作运行参数（如锅炉负荷、过量空气等）、烟气温度和组成。其中燃煤中氯含量和烟气中的氧含量对汞系污染物的生成有重要影响（如汞的氯化而生成 $HgCl_2$）。

烟气中以颗粒形式存在的汞可以部分被布袋除尘器（FF）或静电除尘器（ESP）等除尘设备除去。因为元素汞、氯化汞和其他形式的二价汞的分压低于在烟气中凝结所需要的压力，这些组分会存在于烟气中的蒸气相中而直接排放到大气中。汞蒸气在烟气中可以部分地或全部地被颗粒炭所吸收，吸收的程度取决于烟气的温度，而吸收了汞的炭颗粒可以被除尘设备从烟气中除去[19]。

到目前为止，对于燃煤及垃圾焚烧过程，人们发展了许多热动力模型以描述在不同气体组成的烟道气中，汞系污染物与温度等因素的相关关系。Frandsen 的模型是对汞系污染物描述最全面的一种模型，模型的预测结果是：在传统的低温燃烧系统中，$HgSO_4$(s)是汞的稳定形态，当模型中不考虑 $HgSO_4$(s)时，HgO(s)则为低温下的稳定形态。因为系统中氯的影响，上述汞固相污染物在 110 ~ 320℃以下保持稳定。氯的存在降低了汞气相向固相污染物的转化温度，因此加强了汞在低温下的气化，并且阻止其凝结过程。在高温下，模型预测汞与烟道气成分反应，主要生成三种形态：$HgCl_2$(g)，HgO(g)和 Hg^0(g)。$HgCl_2$(g)是小于 430℃的富氯烟道气中的主要成分，而在更高的温度下，Hg^0(g)和少量 HgO(g)则共同占主导地位，若温度升高至 750℃以上，只有 Hg^0(g)为热动力学上的稳定态。

Kevin[20]预测了在空气流化床和加压流化床系统中汞系污染物的生成情况，模型预测在冷却至 400℃之前 Hg^0 几乎全部转化为气相氧化态 $Hg^{2+}X$ 和 Hg(p)，但是对实际燃烧不同煤种锅炉的测试结果却表明：Hg^0 只有 35% ~ 95% 的氧化率，进一步的测试数据表明煤中的许多元素，如氯、硫、钙和铁对燃烧系统中的汞系污染物的成分和比例起影响和控制作用，最新的研究结果表明：氯在汞的氧化方面起重要的作用，煤中氯含量同汞的氧化水平明显呈正相关关系。

Hg^0 与氯原子的同相反应，即汞的氯化（生成 $HgCl_2$），是汞煤燃烧系统中的主导反应。而煤中其他元素也有其细微的影响作用，高硫含量的燃煤会抑制汞的氯化；而铁对汞的氧化有催化作用；钙在燃烧过程中倾向与氯反应，从而削弱了汞的氯化反应。因此，由于褐煤和低变质烟煤的钙含量高而氯含量低，其燃煤烟气中 Hg^0 含量显著高。

如果煤中硫含量过高，就会限制氯对汞的氧化。铁能够催化汞的氧化从而加强捕集汞的能力。钙在燃烧过程中容易和氯反应，因此降低了氯氧化汞的能力。因此，在使用高钙低氯含量的褐煤和亚烟煤时，排放物中 Hg^0 占很高的百分比。铁含量和品级对汞污染物的生成没有直接关系，大量数据表明：其所生成的汞污染物与同类型煤相比，没有显著差别。

刘迎晖等[21]应用化学热力学平衡模型预报表明：汞易于挥发，在炉膛内的燃烧温度下，它将蒸发并以单质汞的形态存在于气相之中，氯元素的存在可以大大增强汞的蒸发；随着烟气温度降低，单质汞会与烟气中的其他成分（例如氧、氯化氢、氧化硫等）发生一系列化学反应，最终相当量的汞将以氯化汞的形态随烟气排放到环境中，而氯化汞易溶于水，这对于采取恰当的方法治理汞污染是非常有用的。汞污染物的生成在理论上取决于分配系数，而分配系数是包括汞污染物类型（元素态或化合态）、颗粒组分特性（组成、比表面积等）、汞污染物与颗粒表面的亲和性、温度、烟气组成和气体-颗粒接触时间等诸多因素的函数。

通常大多数城市固体垃圾焚化烟气中的汞污染物以 $HgCl_2$ 为主，因为城市垃圾中氯含量较高而引起汞的氯化。相比之下，煤炭当中的氯含量则要少一些，因此，燃煤烟气中元素态汞的比例略高[22]。燃煤烟气中汞在气相中的质量浓度一般小于100μg/m^3[23]。烟气中的 NO_2 会氧化单质汞而生成亚硝酸汞和硝酸汞，而 SO_2 的存在会促使汞化合物分解释放出单质汞。Hg(Ⅱ)具有水溶性并在合适的温度下可沉积，因此通常的脱硫技术(干式或湿式)和袋式除尘装置均可有效脱除 Hg(Ⅱ)；而 Hg^0 有较高蒸气压和低水溶性，因此可以长距离传输，是烟气脱汞的重点。

其他研究表明因为汞化合物的极性强于单质汞，而使其更易黏附于飞灰颗粒表面。另外也有报道，高残炭含量的飞灰汞吸附量比低烧失量（LOI）飞灰高[24]，主要因为未燃残炭颗粒具有巨大比表面积和更高的汞亲和性。据报道，在布袋除尘器（FF）中，因为气相汞和固体颗粒具有更长的接触时间更长，所以其汞污染物的脱除率高于静电集尘器（ESP）。

烟气中气相汞的同相氯化反应和汞的异相反应与捕获分别介绍如下：

（1）汞的同相氯化反应。一些实验研究发现，氯会影响 Hg^0 向汞(Ⅱ)和Hg(p)的转化反应，其中氯的典型含量范围在 5×10^{-5} 到 2×10^{-3}（干燥基）之间。汞的氯化反应是汞在燃煤烟气中的主要氧化反应，主要生成氯化汞、$HgCl_2(g)$，尽管 $HgCl_2(g)$ 的直接测量非常困难。由于化学反应动力学的限制，其他的同相氧化反应如：O_2、NO_2 和 NO_x 对汞的氧化作用就较小。到目前为止，我们对汞的同相与异相反应的相对重要性依然知之甚少，而同相氯化反应速率仅能通过测量生成物得到。

（2）汞的异相反应与捕获。在研究燃煤烟气中汞异相反应时，应考虑到固体表面性质以及烟气成分对汞氧化和捕集的影响。人们对燃煤飞灰、活性炭（包括载碘炭或载硫炭）、各种无机矿物质和重金属等吸附剂的汞吸附性能作了大量研究和评价。但是这些实验通常是在氮气作为载气的条件下进行，而忽略了实际燃煤烟气中各种化学成分的影响作用，它在吸附剂表面反应中所起的作用常常比其本身的固体材料性质大得多。

4 燃煤汞污染现状及控制

4.1 中国原煤及燃煤产物中汞的含量

4.1.1 中国原煤中汞的含量

我国煤炭中含汞量分布很不均匀。陈冰如等人在研究我国煤中微量元素的分布时指出，我国煤中汞元素含量范围为0.308～15.9mg/kg。王起超等人估算我国煤炭的平均汞含量为0.22mg/kg。表4-1、表4-2列出了我国煤中含汞的分析数据。根据对1466个煤样分析数据的统计，我国多数煤中汞含量处于0.01～1.0mg/kg之间，算术平均值为0.15mg/kg；从少数样品中检测到汞含量达2～6mg/kg（采自河南平顶山矿区、云南老厂矿区、贵州六枝矿区、贵州水城矿区等地的个别样品）。

表4-1　中国煤中的汞含量

地区	成煤时代	样品数	汞含量范围 /mg·kg^{-1}	汞含量算术平均值 /mg·kg^{-1}	汞含量几何平均值/mg·kg^{-1}	汞含量标准差 /mg·kg^{-1}	资料来源
全国	C－R	1466	0.01～1.00	0.15			黄文辉
华北	C－P	252	0.01～1.00	0.20			黄文辉
华南	P	245	0.01～1.00	0.25			黄文辉
全国	J－X	757	0.03～0.10	0.06			黄文辉
全国	R	9	0.03～0.10	0.06			黄文辉
全国				0.22			王起超
全国		939	0.003～10.5	0.158			张军营
全国	C－P2	36	0.045～4.80	1.372	0.278	1.25	RenDeyi
全国	C2	13			1.29		RenDeyi
全国	P2	6			1.09		RenDeyi
全国	P2	17			0.25		RenDeyi

对照国外资料，自然界多数煤中汞处于 $n \times 10^{-7}$ 数量级，汞含量达到 1mg/kg 的煤已属罕见。世界特富含汞的煤发现于乌克兰的顿巴斯盆地东部。顿巴斯盆地煤中汞的背景值只有 0.015mg/kg，但在盆地东部汞矿化带里煤中汞含量高达 $n \times$ 10mg/kg，甚至 $n \times$ 100mg/kg。从采自尼基多夫斯克的样品中检测到异常高值 2000mg/kg。这种特富含汞的煤在全世界恐怕也是绝无仅有的。

表 4-2 各省煤中汞含量

地　区	汞含量范围	汞含量算术平均值	汞含量标准差
安　徽	0.14～0.33	0.22	0.06
北　京	0.23～0.54	0.34	0.09
吉　林	0.08～1.59	0.33	0.28
黑龙江	0.02～0.63	0.12	0.11
辽　宁	0.02～1.15	0.20	0.24
内蒙古	0.06～1.07	0.28	0.37
江　西	0.08～0.26	0.16	0.07
河　北	0.05～0.28	0.13	0.07
山　西	0.02～1.95	0.22	0.32
陕　西	0.02～0.61	0.16	0.19
山　东	0.07～0.30	0.16	0.19
河　南	0.14～0.81	0.30	0.22
四　川	0.07～0.35	0.18	0.10
新　疆	0.02～0.05	0.03	0.01
贵　州	0.096～2.57	0.552	—
云　南	0.03～3.8	0.38	—

表 4-2 所示为我国主要产煤地区煤炭的含汞量测定结果。表中数据除云南、贵州两省外，均引自王起超等人计算数据。从表 4-2 可知，我国煤炭中汞含量较低（小于 0.20mg/kg）的地区有新疆、黑龙江、陕西、河北、山东、江西、四川；含量较高的地区有北京、吉林、河南；汞含量处于中等水平的地区有辽宁、山西、内蒙古、安徽。因此我国煤炭中汞含量分布的规律可总结为：东北、内蒙古、山西等煤的汞含量比较低，向西南到贵州、

云南煤的汞含量增加，煤中的汞含量有自北向南增加的趋势。中国煤中的汞含量最高区主要分布于贵州黔西断陷区，区内晚二叠纪煤中汞含量算术平均值为1.094mg/kg，区内晚三叠纪煤中汞含量算术平均值为1.611mg/kg，Belkin 等人在区内兴仁煤中发现汞含量高达55mg/kg。

王起超和马如龙研究了东北、内蒙古东部煤炭中汞的含量分布。煤炭样品采集自东北和内蒙古东部12个矿区，井下剖面取样，逐级粉碎、缩分，分别测定汞含量。结果表明煤中汞含量高于土壤，并和煤中全硫分及灰分呈显著正相关。

全部煤炭样品中汞的算术平均含量以及灰分基汞含量见表4-3。同克拉克值零点几相比，煤（干基）汞含量属于同一数量级，与泰勒所测地壳汞丰度值0.08mg/kg相比，原煤中汞含量约高出一倍。全国A层土壤汞含量算术平均值0.065mg/kg，几何平均值0.040mg/kg；东北地区A层土壤汞含量算术平均值0.037 mg/kg，几何平均值0.029~0.0332mg/kg。可见无论干基还是灰分基，也无论是算术均值还是几何均值，煤中汞含量均高于全国及东北A层土壤。同国外的文献资料相比较，东北、内蒙古东部煤中汞含量高于陆生植物干物质中的0.012mg/kg，而低于干煤中的0.2mg/kg，其含量范围与Eary等人报道的含量范围0.01~1.6mg/kg相一致。

表4-3 煤干基和灰分基汞含量 (mg/kg)

计算基	算术平均值	几何平均值	范 围
干 基	0.158	0.077	0.0003~1.15
灰分基	0.68	0.33	0.013~4.95

不同煤种汞的含量分布见表4-4。各煤种汞含量由高到低依次为：瘦煤>褐煤>焦煤>无烟煤>气煤>长焰煤。各矿区煤中汞含量分布见表4-5。霍林河、南票、通化、辽源、七台河等矿煤中汞含量超过0.200mg/kg，双鸭山、北票、大雁、抚顺煤中汞含量低于0.100mg/kg。以地质条件看，海相层煤田汞含量高

于陆相层煤田。煤中汞含量与硫、灰分含量呈极显著正相关，说明汞与无机元素有密切依存关系，并且可能主要以硫化物的形态存在。

表 4-4　不同煤中汞的含量　(mg/kg)

煤　种	无烟煤	烟　煤				褐　煤
		瘦煤	焦煤	气煤	长焰煤	
干　基	0.184	0.729	0.268	0.144	0.072	0.383
灰分基	0.569	3.080	0.867	0.532	0.318	20289

表 4-5　各矿区煤中汞含量分布　(mg/kg)

矿区	通化	辽源	双鸭山	鸡西	七台河	抚顺	南票	北票	铁法	霍林河	大雁
干基	0.430	0.255	0.030	0.159	0.200	0.069	0.663	0.090	0.115	0.690	0.076
灰分基	1.470	1.426	0.192	0.569	0.889	0.468	1.556	0.267	0.418	3.660	0.518

4.1.2　飞灰和底灰中汞的含量

层燃锅炉飞灰和底灰中汞的含量见表 4-6。数据表明无论飞灰还是底灰，汞的含量均高于泰勒地壳汞丰度值；高于全国和东北 A 层土壤汞含量，其中飞灰高一个数量级。

表 4-6　飞灰和底灰中汞含量　(mg/kg)

样　品	含量范围	算术平均值	含量比（灰/煤）
飞　灰	0.065 ~ 1.112	0.548	3.51
底　灰	0.020 ~ 1.131	0.295	1.89

飞灰中汞含量高于底灰，这与常量元素及大多数微量元素不同。这是由汞具有很高挥发性决定的。在煤炭燃烧过程中，汞的单质和化合物在高温下汽化，进入烟气中，随着烟气冷却，凝结或被吸附在飞灰表面上。

飞灰和底灰中元素含量除与母煤中元素含量、元素性质有关外，还受锅炉燃烧方式、燃烧温度等人为因素的影响。

4.1.3　飞灰中汞的粒度分布

除尘器（$\eta = 85\%$）中飞灰粒度一般分为 5 级。Ⅰ：小于 0.038mm；Ⅱ：0.038 ~ 0.050mm；Ⅲ：0.050 ~ 0.125mm；Ⅳ：0.125 ~ 0.250mm；Ⅴ：0.250 ~ 0.500mm。不同粒级飞灰中汞含量见表 4-7。

表 4-7　飞灰中汞的粒度分布

粒径级别	Ⅰ	Ⅱ	Ⅲ	Ⅳ	Ⅴ
汞含量/$mg \cdot kg^{-1}$	0.138	0.134	0.095	0.076	0.57
含量比（灰/煤）	2.42	2.35	1.67	1.33	1.01

飞灰的粒径越小，汞的含量越高。由于颗粒越小，表面积与体积之比越大，因此，这一分布规律指示飞灰中的汞呈表面富集状态，即汞主要聚集在颗粒物的表面上。

汞元素粒度分布如图 4-1 所示。链条炉汞的粒度分布一般呈

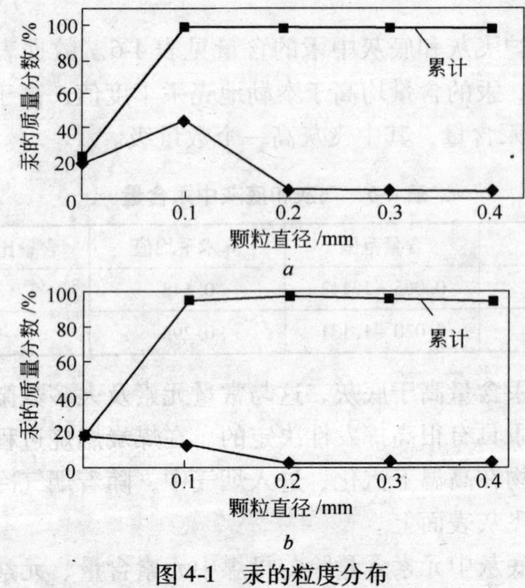

图 4-1　汞的粒度分布

a—链条炉；*b*—煤粉炉

单峰型分布，峰值出现在0.05～0.125mm级分，数值为40%～60%，前三级小颗粒累积含量达90%以上。电厂煤粉炉为双峰型，第一峰值出现在小于0.038mm级分，占80%以上，在0.05～0.125mm级分有一个小的第二峰，占20%以下。这种差异与燃煤的颗粒大小、燃烧条件有关。但无论哪种锅炉，飞灰中90%以上的汞都赋存于小于0.125mm粒径的粒子上。

4.2 中国燃煤汞排放

王起超等[25]研究了中国煤炭的汞含量及主要用煤行业燃煤汞排放因子，结合有关统计资料计算了我国各行业和各地区燃煤汞的排放量，得出全国煤炭的平均汞含量为0.22mg/kg，主要燃煤行业中大气汞排放因子为64.0%～78.2%。1995年全国燃煤共排放汞302.9t，其中向大气中排汞量为213.8t，排入灰渣及产品中的汞为89.07t。其中电力行业以煤炭为主要能源，全国火电厂每年耗煤量约占全国煤炭产量的1/4。目前，大部分火力发电厂生产工艺相近，锅炉采用煤粉炉或循环流化床，除尘设备包括静电除尘器、布袋除尘器和水膜除尘器等。王起超等对长春市两个热电厂的3部生产机组进行了监测，监测及计算结果（如表4-8）表明，排入大气和灰渣的汞分别占总汞量的74.3%和25.7%，这一结果与国外研究成果相近，据Dajnak等[26]研究，火电厂静电除尘器的脱汞率为30%～40%。

表4-8 火电厂锅炉汞排放因子

飞灰中汞含量/mg·g^{-1}	除尘效率/%	灰分/%	排放因子/%
0.049	97	33.5	88.6
0.166	97	30.4	53.4
0.111	97	34.2	53.4
0.1	85	31.5	58.2
0.068	85	31.5	80.8
0.008	95	37.5	93.5
0.011	95	34.9	91.9

根据全国煤炭的平均汞含量、各行业汞排放因子，结合1995年各行业耗煤量计算出各行业的燃煤汞排放量如表4-9所示。

表4-9 1995年中国各行业燃煤汞排放量

行 业	耗煤量/万t	大气排放量/t	灰渣及产品排放量/t
农、林、牧、渔业	1856.7	2.61	1.47
工业	117570.7	185.52	73.15
采掘业	9861	13.88	7.81
制造业	63109.5	98.78	40.08
非金属矿物制品	13424.2	22.15	7.38
黑色金属冶炼加工	12920.7	22.23	6.2
化学原料制造	10803.5	17.83	5.94
其他制造	25961.1	36.57	20.56
电力生产供应业	44600.3	72.86	25.26
建筑业	439.8	0.62	0.35
交通运输，邮电业	1315.1	1.85	1.04
批发和零售餐饮业	977.4	1.38	0.77
其他行业	1986.7	2.8	1.57
生活消费	13530.1	19.05	10.72
总计	137676.6	213.8	89.07

在各大行业门类中，工业排放量最大，共排放258.67t，其中排入大气中185.52t；从单个行业看，汞排放较大的行业依次为电力、蒸汽、热水生产供应业，非金属矿物制品业，黑色金属冶炼及压延加工业，化学原料及制品制造业等。

1978~1995年，全国燃煤大气汞排放量的年平均增长速度为4.8%，累积排汞量为2493.8t。北京、上海、天津等超大城市排汞强度较高，燃煤汞排放是中国面临的重要环境问题。

燃煤汞排放是主要的人为大气汞排放源。中国一次性能源以煤炭为主，1995年我国煤炭消耗量为13.8亿t，居世界第一位，在煤炭利用过程中，大量的汞被释放到大气中，对人类健康造成直接或潜在的危害[27]。迄今为止，我国尚未对燃煤汞排放进行全面、详细的研究。

4.2.1 中国燃煤汞排放的环境风险

P. Chu[28]等人研究表明，目前全球人为源汞散发量约4000 t/a，1995年中国燃煤大气排汞量为213.8t，约占总量的5%。图4-2给出了中国燃煤大气汞排放量的变化趋势，1978~1995年，燃煤大气汞排放量的年平均增长速度为4.8%，全国累积汞排放量为2493.8t。在城市中燃煤导致的汞污染越来越严重。刘俊华等[29]报道燃煤烟尘中汞排放是北京市汞的主要来源。

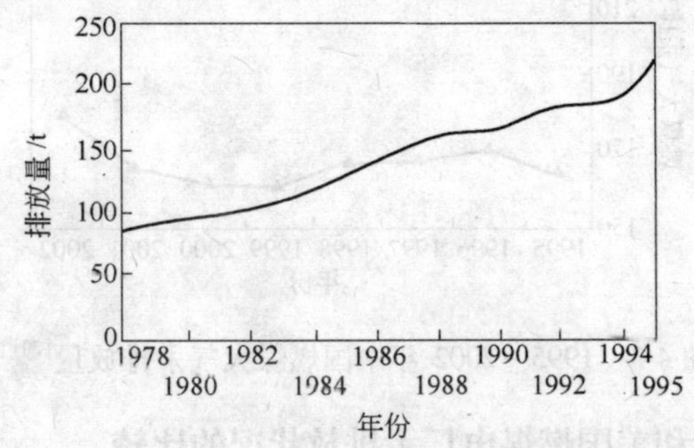

图4-2 中国燃煤大气汞排放量的变化趋势（据王起超）

可见，如何防治燃煤汞污染是我国面临的重要环境问题。根据初步研究，可以从以下几方面减少汞排放量：

（1）深入开展研究，建立燃煤汞排放标准；

（2）对于优先控制行业从排放浓度和排放总量两方面加以控制；

（3）增加用煤洗选比例，降低燃煤中汞含量；

（4）结合煤炭清洁燃烧工艺，开发燃煤脱汞技术，尤其是国内部分热电厂将安装脱硫设施，可考虑在脱硫过程中增加脱汞技术，以降低成本。

将中国各省生产原煤的汞含量分为两组数据：组1的数据来自于美国地质调查局（USGS），USGS在中国各大中型煤矿共采集分析了331个煤样；组2收集了国内代表性文献中各省区原煤汞含量数据，约1500个煤样。图4-3为1995~2002年中国燃煤大气汞排放量变化图，两组数据计算的结果均反映了相同的变化规律，即中国燃煤大气汞排放量并不是持续快速增加，排放量增长到 1996 年的峰值后开始出现一定幅度的回落，1999 年排放量降到几年来最低值后又开始增大。这种变化趋势同 1995 ~ 2002 年中国煤炭消费量变化趋势相吻合。

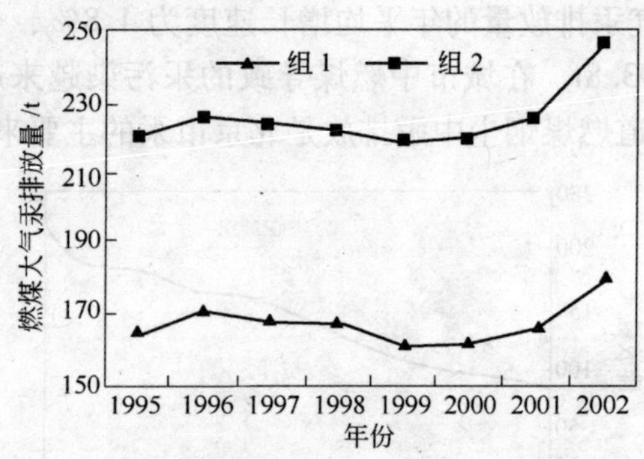

图 4-3　1995 ~ 2002 年中国燃煤大气汞排放量[30]

4.2.2　中国和美国燃煤电厂汞排放状况的比较

2000 年中国工业和生活消费燃煤大气汞排放量分别为 10014t 和 3014t，美国每年工业和生活消费燃煤排入大气中的汞只有 2017t 和 815t，尽管组 1 的数据较低，2000 年中国工业和生活消费燃煤大气汞排放量分别为 7411t 和 2214t，也远高于美国的排放水平。这是因为中国工业和生活消费的能源以煤炭为主，2000 年工业和生活消费耗煤量分别占全国煤炭消费总量的 45 % 和 13 %。而美国工业和生活消费的耗煤量较低，分别占总耗煤量的 15% 和 12%。因此，为有效控制大气汞污染，应鼓励工业和生活消费采用天然气等低污染的替代燃料，逐步改善以煤为主的能源结构。表 4-10 为中国和美国电力行业燃煤汞排放对照表。美国煤炭使用主要集中在电力生产，其原煤在使用前大部分都要经过洗选处理，另外美国对电厂烟气净化程度要求较高，除安装高效的电除尘器或布袋除尘器降低烟尘排放量外，还有占总数

22%左右的电厂安装了烟气脱硫和脱硝装置，这些污染控制措施都能减少燃煤过程的汞排放。中国电厂用原煤入洗比例很低，为1%左右，且目前仅有少量电厂装有脱硫和脱硝设施。据统计，2000年中国仅有约4000MW机组安装了烟气脱硫系统，不及电站总装机容量的1%。因此尽管中国电厂消费煤炭所含的汞量同美国相当或低于美国，但燃煤大气汞排放量却高于美国。

表4-10 中国和美国电力行业燃煤汞排放状况比较 (t)

国家	原煤中的汞	排入大气的汞	洗煤去除的汞	进入底灰的汞	烟气净化去除的汞
中国组1(2000年)	81.2	57.7	0.7	0.9	21.9
中国组2(2000年)	109.1	77.5	1.0	1.2	29.5
美国(1999年)	108.6	48	33.6	1.1	25.9

4.3 当今燃煤汞污染控制综述

在锅炉和污染控制装置中，煤炭种类对燃烧中汞的化学转化，扮演了重要的角色。每种技术，或它们的复合形式，对不同汞污染物有不同的减排效应。

通常结合已有烟道气净化装置的综合脱除作用来完成。烟道气净化主要任务为：分离飞灰、吸附或催化分解有害气体、分离气态和颗粒状重金属、吸附催化破坏有毒有机化合物。烟气净化处理工艺主要有干法、半干法、湿法及组合工艺[31]。不同燃煤电厂汞污染控制设备的汞脱除效率如表4-11所示。

表4-11 不同燃煤电厂汞污染控制设备的汞脱除效率

控制技术	脱除率范围/%	平均脱除率/%	来源
燃前洗选加工（传统技术）	20~64	27	Akers et al. 1993

续表 4-11

控制技术	脱除率范围/%	平均脱除率/%	来　源
炭质固定床	78~99	92	Hartenstein 1993 a,b,c
活性炭喷入(高温,烟道气:230~250F)	74~95	89	Hartenstein 1993a,b,c
活性炭喷入(低温,烟道气:190~250F)	76~99	96	Hartenstein 1993 a,b,c
纤维滤层	68~83	79	Interpoll 1992a; Sloss 1993; Chang et al. 1993
烟气脱硫 FGD(湿法)	38~77	66	Interpoll 1991, 1990a; Chu et al. 1993; Sloss 1993; Noblett et al. 1993; Radian 1993a
烟气脱硫 FGD(干法)	26~69	51	Interpoll 1991, 1990a; Chu et al. 1993; Sloss 1993; Noblett et al. 1993; Radian 1993a
喷射干燥吸收 SDA	23~83	63	Felsvang et al. 1993; Interpoll 1990b, 1991
静电集尘 ESP	0~22	10	Interpoll 1992b; Radian 1993b; Chu et al. 1993

干喷吸收剂法没有废水产生，并且飞灰和反应产物可以被过滤器（200℃以下）除去。Hg(Ⅱ)在150℃以下大部分被转换为固体形式并被过滤器去除。吸收剂主要采用活性炭、石灰或硫化钠，缺点是较难达到反应所需时间。而湿洗可以有效地脱除Hg(Ⅱ)化合物，然而Hg^0却需要低温和长停留时间。研究发现随pH值的升高，Hg(Ⅱ)可还原为Hg(Ⅰ)和Hg(0)，Hg(0)可能会随烟气离开清洗装置。而较高的氯浓度或强酸溶液可以抑制二价汞的还原[32]。

4.3.1 洗选煤技术

在煤进入锅炉燃烧之前的常规洗选过程也有助于减少汞的排放。把煤与其他杂质矿物质（泥板岩、板岩、沙岩、黏土等）

以及黄铁矿（FeS_2）分开的方法是基于各种成分物理性质的不同而进行的，尽管煤与其他杂质的物理性质，如硬度（脆性和耐磨性）和电磁性质等都是不同的，但主要还是运用相对密度和表面物理化学特性进行分离。煤的相对密度是1.23～1.70，比其他成分的相对密度要小，清洁的煤是疏水性的，而大部分杂质成分表面特性是亲水性的。清洁煤的过程，可以减少煤中汞的含量，由于煤中的汞与灰分、黄铁矿等成分结合在一起，可通过各种洗煤方法除去汞。

利用传统的物理洗煤技术，如利用密度不同分离杂质的跳汰技术、重介质分流技术和旋流器等，还有利用表面物理化学性质不同的浮选煤技术及油絮凝技术等，都是有效控制煤粉燃烧过程中重金属汞生成的方法，在洗选煤的过程中可以除去原煤中的一部分汞。如浮选法，这种物理清洗技术是建立在煤粉中有机物与无机物密度不同以及它们的有机亲和性不同的基础上的。一般说来，汞元素与其他矿物质类似，主要存在于无机物中，当在煤粉浆液中加入有机浮选剂进行浮选时，有机物主要成为浮选物，而无机矿物质则主要成为浮选废渣，这样汞与其他重金属元素则会大量地富集在浮选废渣中，从而起到了部分除去煤中重金属汞的作用。浮选法可以把原煤中平均21%～37%的汞除去，这与煤的种类、煤的清洗和分选技术、原煤中的含汞水平以及汞的分析仪器都有很大关系。

美国能源部（DOE）研究利用先进洗煤技术使煤在进入锅炉之前就得到进一步清洁，如浮选柱、选择性油团聚和重液旋流器等方法在提高煤除汞率方面很有潜力。Smit 等人以五种原煤为实验对象，分别利用柱状泡沫浮选柱、选择性油团聚法洗煤，并测试洗煤前后煤中汞含量的变化情况。柱状泡沫浮选柱洗煤后原煤中汞含量减少了1%～51%，平均减少了26%；传统选煤法和柱状泡沫浮选柱法联合使用后，原煤中汞含量减少了40%～57%，平均减少了55%；选择性油团聚法洗煤后原煤中汞含量减少了8%～38%，平均减少了16%；传统选煤法和选择性油团聚法联合使用后，原煤中汞含量减少了63% ~82%，平均减少了68%。

Ferris等人以三种原煤为实验对象，煤样先用传统方法重介质法洗过，然后通过水介质旋流器和浮选柱法洗煤，测试洗煤前后煤中汞含量的变化情况。重介质法洗煤减少了原煤中42% ~45%的汞含量，水介质旋流器和柱状泡沫浮选柱法洗煤又减少了煤中21% ~23%的汞含量。三种方法联合使用后，一共减少了原煤中63% ~65%的汞含量。

DOE还研究利用其他非物理洗煤方法从原煤中除汞。磁分离法去除黄铁矿，同时也除去与黄铁矿结合在一起的汞，可以低成本有效除汞，因而磁分离法应用前景较广。它主要通过煤粉炉电站内部气流循环，给磨煤机中加入游离态的FeS_2，利用磁性不同达到去除黄铁矿的目的。另外化学方法、微生物法等也可以将汞从原煤中分离，其中化学方法由于成本昂贵，不具有实用价值。

4.3.2 锅炉中捕集

经过多次测试发现，在不使用颗粒物控制装置的情况下，锅炉排放汞污染物的几率几乎达到100%。EPA初步估计，燃烧煤粉的锅炉排放修正系数（EMFs）在41% ~94%之间，该系数低于装配NO_x控制装置的锅炉。但是这些数据并未考虑到沉积在煤粉炉底部的灰渣所含的汞量。旋风燃烧锅炉和流化床锅炉（FBC）能产生更多的汞沉积！在ICR测试中如果不考虑对NO_x的控制因素，四台旋风燃烧机组的EMF平均达到66%。而EPA估计有所不同：如果考虑对NO_x的控制因素，该值为54%；不考虑为93%。

炉子排放汞的生成物的量主要受到煤中氯含量和温度的影响，如图4-4所示。当煤中氯含量超过$(1.5 \sim 2) \times 10^{-2}\%$（干燥质）时，锅炉所排放元素态汞的百分比会从超过85%降到10%。在该转换中NO_x的控制没有明显的效果。热端静电除尘

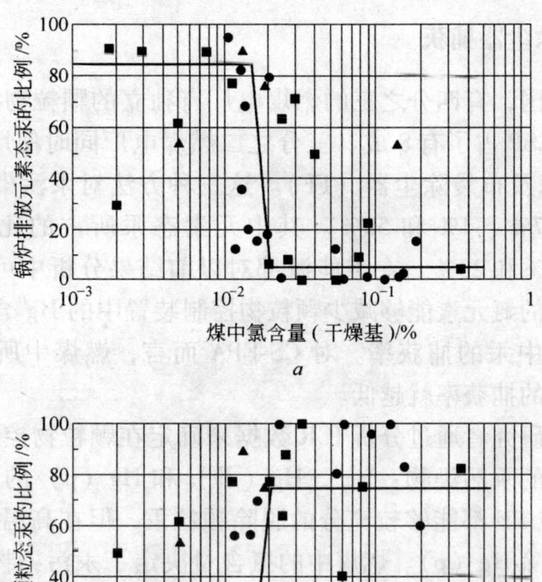

图 4-4 气相汞和颗粒汞在除尘器入口处的含量

HESP = 热端 ESP，ICR 数据

a—元素汞；*b*—颗粒汞

■ 静电除尘器 ● 布袋除尘器 ▲ 热端静电除尘器

（HS-ESP）在高温下（200 ~ 400℃之间），所排放 Hg^0 的百分比很高。对于冷端静电除尘（CS-ESP），其入口段温度较低（130 ~ 170℃），在氯含量较高的情况下，有 75% 的微粒态汞被氧化。在煤中氯含量较高的情况下，所生成汞污染物的数据相当离散，其中部分原因是受到煤中其他因素的影响，包括飞灰中炭含量以及废气中酸性气体的浓度等。

4.3.3 除尘器捕获

在美国，有四分之三的燃煤电厂有独立的颗粒物控制装置，其中 CS-ESP 占了有 8 成。三分之二燃煤电厂同时使用 HS-ESP、CS-ESP 以及布袋除尘器（FF）。这三种方法对汞污染的脱除率分别是 27%、4% 和 58%。其中元素态汞所占的比例分别是 47%、66% 和 23%。在美能源部对以前结果分析中可得出：煤中所富含的氯元素能够减少颗粒物控制装置中的 Hg^0 含量，从而提高烟气中汞的捕获率。对 CS-EPA 而言，燃煤中所含的硫越多，对汞的捕获率就越低。

很多研究者通过分析 ICR 数据来确定在颗粒物控制装置中，三种主要的汞污染物：Hg^0、Hg（Ⅱ）和 Hg（p）的变化行为。CS-ESP 或 FF 都能够较充分的脱除颗粒汞，但在高温下 HS-ESP 却无法脱除 Hg（p）。燃煤中的氯含量决定了汞污染物类型及其变化行为，如图 4-5 所示，当氯含量低于 0.02% 时，Hg（Ⅱ）负脱除率有明显的增加，这意味着不能被 ESP 脱除的 Hg^0 被氧化。当氯含量更高时，FF 随着煤中氯含量的增高其对汞的脱除率也增加，但 ESP 却无法增加其脱除率。当煤中氯含量在 0.02% 以下时，FF 对气相汞的脱除率很低。但当氯含量在 0.02% ~0.14% 之间时，随着氯含量的增加其平均脱除率能达到 73%。由于存在氧化反应，并且气固相在除尘器中可充分接触等原因，FF 主要被用来脱除单质和气相汞（Ⅱ）。

4.3.4 吸附剂喷射方法

吸附剂喷射法主要是通过活性炭以及其他吸附剂的吸附作用来除去烟气中的汞。

对于气流中微量有害物质（如汞）的去除，吸附剂吸收法一直占有重要的地位，其中汞的脱除研究可追溯到 20 世纪 20 年代的活性炭吸附[33]。随后，其他类型吸附剂也应用在各种气相流的汞脱除研究中，所涉及到的吸附剂有金、银[34]，活性炭[35]，

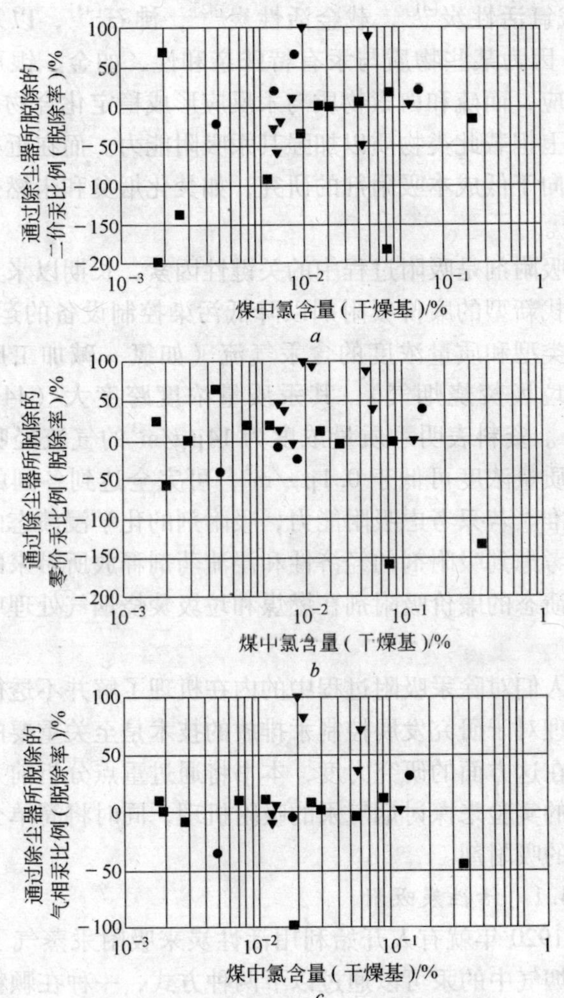

图 4-5 除尘器对气相汞的脱除率与燃煤氯含量的关系 ICR 数据

a—氯化汞；*b*—元素汞；*c*—气相汞

■ 静电除尘器 ▼ 布袋除尘器 ● 热端静电除尘器

氧化活性炭[36]，碘、碘氧化物和碘化物浸渍活性炭[37]，金属-硫化物或硫酸盐浸渍活性炭[38]，载银活性炭[39]，载硫活性炭[40]，载氯活性炭[41]，载金活性炭[42]，沸石[43]，以及沸石浸渍态[44]。因为某些物质与汞有特殊亲和性，如金、银可与汞发生汞齐反应，而硫和卤素物质与汞反应形成稳定化合物。所以常在活性炭上担载此类物质以加强其汞吸附能力。而在近期，许多研究者倾向于低成本吸附剂的研究，如焚化烟炱和未燃残炭等多孔介质[45]。

由于吸附剂是吸附过程中的关键性因素，长期以来人们一直在努力寻找新型的廉价吸附剂以降低污染控制设备的运行成本。不同成因类型和质量浓度的含汞气流（如氯－碱加工废气、燃煤烟气和垃圾焚烧烟气），其汞质量浓度跨度大（44μg/m^3 ~ 20mg/m^3）。资料表明汞质量浓度为 14μg/m^3 的气流经吸附脱汞后其残汞质量浓度可低于 0.1μg/m^3，可完全达到各国的清洁空气排放标准。若只考虑吸附能力，吸附剂的化学浸渍态的优势明显，但如考虑到吸附剂的经济性和浸渍药剂释放所带来的污染问题，非浸渍态的廉价吸附剂在燃煤和垃圾焚烧烟气处理中仍占主导地位。

目前人们对除汞吸附过程中的内在机理了解并不透彻，而弄清除汞机理对于研究发展控制汞排放的技术是至关重要的，因此需要加大在这方面的研究力度，本书将通过重点分析前人在活性炭上所做的实验来探讨烟气汞的吸附机理，同时将简单介绍一些其他种类的吸附剂。

4.3.4.1 活性炭吸附

早在 1920 年就有人开始利用活性炭来吸附汞蒸气了。用活性炭吸附烟气中的汞可以通过以下两种方式，一种在颗粒脱除装置前喷入粉末状活性炭 PAC（Powdered Activated Carbon）；另一种是将烟气通过活性炭吸附床 GAC（Granular Activated Carbon）。PAC 即将活性炭直接喷入烟气中，活性炭颗粒吸附汞的过程结束后由其下游的静电除尘器或布袋除尘器除去；而 GAC 一般安排在脱硫装置（FGD）和除尘器的后面，作为烟气排入大气的最后一个清洁装置，如果活性炭颗粒太小会引起较大的压降，在一定条件下它可以达到较好的除汞效果。

此工艺在应用实例上主要包括两大类型：吸附剂喷射和固定床吸收，另外的一些技术如膜分离技术现在正处于探索试验阶段。

A 吸附类型

a. 炭粉喷射

炭粉喷射的流程见图4-6，一般为：干法吸收反应塔接除尘器（静电除尘器（EPS）或布袋除尘器（FF））。Ca（OH）$_2$等中和物料被喷入干法吸收反应塔，与烟气充分反应，停留时间在2.5s以上；ESP或FF收集的物料经再生处理后返回干法吸收反应塔循环使用。对于汞污染控制，则在干法吸收反应塔喷射物料中加入适量粉状活性炭（PAC）吸附剂，还可同时减少二噁英和呋喃含量。

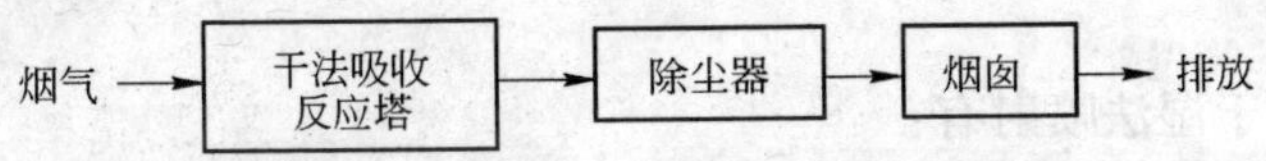

图4-6 干法净化烟气工艺

在本系统中，相对于烟气颗粒捕收装置的逆流方向喷入活性炭或其化学浸渍态以吸收汞系污染物，而载汞活性炭作为燃煤飞灰的组成部分，被颗粒捕收装置（EPS或FF）收集，载汞活性炭可回收并再生复用。其中影响汞脱除效率的因素有：汞系污染物类型和质量浓度、烟气中其他气体成分（如H_2O、O_2、NO_x和SO_x）的影响、烟气温度、炭粉类型、炭粉喷入速率和接触时间等。

关于利用炭粉喷入技术脱除烟气汞系污染物的文献报道有很多。Telsvang[46]对应用于城市垃圾焚烧的干法喷射/布袋集尘系统进行了研究。当无炭粉喷入时可除去69%的汞，而喷入炭粉则脱汞率可达91%～95%。干法喷射/ESP在无炭粉喷入时，脱汞率为27%～66%，而在喷入炭粉后可达78%～86%。Guest和

Knizak[47]对城市垃圾焚烧（MWC）中活性炭喷入系统（SD/FF）的测试表明：炭粉喷入速率是影响汞脱除率的主要因素。此外，测试数据表明炭粉的物理性质（如前驱体类型、粒度、孔径和密度）对系统的脱汞效率无显著性影响，而喷入方式（如干法/湿法及喷孔位置等）则有较显著影响。White[48]主持了一个中型工业试验以检验 MWC 中 SD/ESP 的脱汞效率，实验数据表明在操作温度（132～177℃）时，炭粉喷入系统可除去90%以上的汞（炭粉喷入率为20kg/m^2），而若不喷入炭粉，则汞脱除率只有40%～50%。据 Teller 和 Quimby[49]报道，湿法炭粉喷入的脱汞效率比干法喷入略低。基于工业化试验数据，Teller 和 Quimby 归纳出了相关的数学模型。

对于干法喷射有：

$$\ln(100-\eta)=9.67-0.145w^{0.5}-\frac{2390}{T} \tag{4-1}$$

对于湿法喷射有：

$$\ln(100-\eta)=9.76-0.0578w^{0.5}-\frac{2390}{T} \tag{4-2}$$

式中 η——汞脱除率，%；

w——炭粉喷射质量浓度，kg/m^2；

T——SD 出口温度，K。则出口质量浓度模型为

$$\ln(w_{\mathrm{Out}})=9.76-0.136\,w^{0.5}+0.00114(w_{\mathrm{In}})-\frac{1960}{T} \tag{4-3}$$

式中 w_{Out}，w_{in}——汞的入口质量浓度和出口质量浓度，kg/m^2。

总之，此工艺的脱汞效率一般在90%以上，但目前炭粉喷入技术主要存在的问题是炭粉用量高、运行成本高和载汞炭粉的不可回收性/再生性，目前进入飞灰流中的载汞炭粉极少经过分离和再生处理，成为飞灰中的有毒汞污染源。美国 EPA（1994）的经济评价结果表明：每从燃煤烟气中脱除 1b 汞，对于活性炭吸过滤床，需花费 $131000～299000；对于活性炭喷入系统，则

需花费 \$5240~28000（见表4-12），其中活性炭是主要的成本组成部分。所以除活性炭类吸附剂外，其他的廉价吸附剂也在研究开发中。

表 4-12 不同汞排放源污染控制技术的成本

排放源	控制技术	脱除成本/美元·b^{-1}
城市固体垃圾焚烧 MSWCs	活性炭喷入	211~870
	活性炭床层吸附	4530~8950
	湿法涤气	1600~3320
医用废料焚化 MWIs	活性炭喷入	228~955
	湿法涤气	310
工业锅炉	活性炭喷入（燃煤）	824~2800
	活性炭喷入（燃油）	21050
	活性炭床层吸附	13100~29900
氯-碱加工	废盐水涤气	1040
	担载活性炭吸附	769
初级铜冶炼厂	硒法吸附	497
	硒法吸附（烧结气流）	541
	硒法吸附（熔炉气流）	520

在炭粉喷入系统中，影响炭粉吸附行为的因素有温度、相对湿度、汞质量浓度和烟气中其他气体成分等。对于实际吸附过程，因为炭-汞的接触时间极短，所以较难达到吸附平衡状态。由于扩散限制，汞分子渗入活性炭微孔的阻力较大，所以活性炭的吸附能力无法得到有效利用；而对于大孔占主导地位的燃煤飞灰残炭，其相应的吸附动力过程则快得多。

b. 固定床吸收（活性炭固定床吸附）

除了炭粉喷入工艺，固定床吸附也常用于气相汞系污染物脱除，常用的吸附剂包括活性炭、沸石及其化学浸渍态。沸石分子筛和载硫活性炭已经成功地商业化应用在氯-碱加工业的汞污染控制方面[50]。本工艺对于自然气流的微量汞脱除也有较好的吸附效果，Markovs[51]等做了此方面的应用探索，其吸附剂可再生利用。总之，固定床吸附主要在欧洲国家的垃圾焚烧和燃煤火电系统中得到较普遍的工业化应用。

B 影响活性炭吸附的因素

活性炭对汞的吸附是一个多元化的过程，它包括吸附、凝结、扩散以及化学反应等过程，与吸附剂本身的物理性质（颗粒粒径、孔径、表面积等）、温度、烟气气体成分、停留时间、烟气中汞质量浓度、C/Hg 比例等因素有关。下文将分析各种因素对活性炭吸附的影响。

a. 汞入口质量浓度对活性炭吸附的影响

任建莉等人在试验中通过改变汞渗透管的恒温槽加热温度，改变汞蒸气的入口质量浓度（5.07μg/m^3、12.8μg/m^3、19.3μg/m^3、28.07μg/m^{3}和 50.06μg/m^{3}五个单质汞入口质量浓度），吸附反应温度 125℃，O_2，CO_2和 N_2三种混合气体，流量为 1 L/min，活性炭 40mg 左右，停留时间约为 0.5s，得到吸附动力学曲线如图 4-7 所示。燃煤电站烟气中排放的汞质量浓度一般是在 5 ~ 20μg/m^3 范围内，因而这里单质汞入口质量浓度为 5.07μg/m^3、12.8μg/m^{3}和 19.23μg/m^{3}的试验工况对以后进一步进行中试试验和现场试验有借鉴意义。

由图 4-7 可看出随着 Hg^0 的入口质量浓度的增加，活性炭的吸附量也在增加，初始吸附量与 Hg^0 的质量浓度成正比例增加。从物理吸附的机理来看，被吸附物质的质量浓度增大，吸附量也

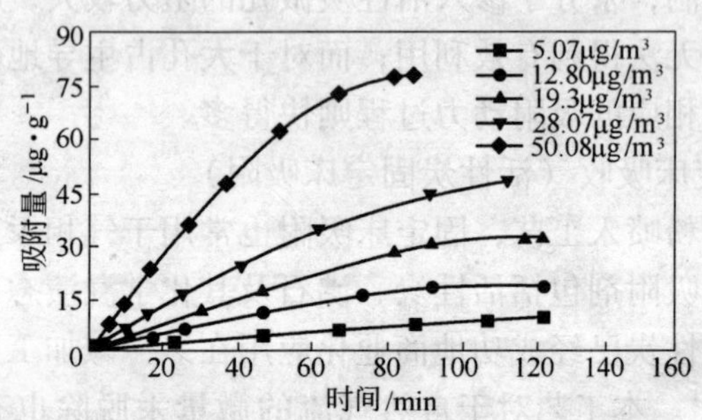

图 4-7 单质汞入口质量浓度对活性炭吸附的影响

应相应增大，因此这与物理吸附的机理是一致的。在实际应用中这一点很重要，对于不同的 Hg^0 排放水平，需要改变活性炭的用量。Carey 等人的研究表明，对于单质汞和 $HgCl_2$ 两种形式，随着其入口质量浓度增加，活性炭（FGD Carbon）的平衡吸附量都增加，入口质量浓度改变的结果也与活性炭的种类有关。

b. 烟气气体成分的影响

燃煤锅炉的实际烟气中含有多种气体成分，如 SO_2，HCl，NO_x，H_2O 等。在烟气冷却阶段这些气体之间的相互作用以及与 Hg^0、Hg^{2+} 化合物之间的化学反应对汞的去除有一定的影响。下文将研究 SO_2、HCl 气体以及二者共同作用时对活性炭吸附的影响。

SO_2 气体对活性炭吸附的影响

如图 4-8 所示，在 BL（N_2、O_2 和 CO_2 三种基本气体）混合气体的基础上，加入 SO_2 气体，气体总流量为 1L/min，SO_2 气体含量分别为 0.04%、0.08%、0.16% 时活性炭的吸附动力学曲线，吸附反应温度为 125℃，停留时间 0.13s 活性炭用量 10mg 左右，Hg^0 入口质量浓度为 19.3μg/m³。从图中可以看出，SO_2 的存在抑制了吸附，吸附量均比无 SO_2 时有所减少；0.04% SO_2 条件下，活性炭的吸附量比无 SO_2 时减少了大约 16%；当 SO_2 含量增加到 0.08% 时，与 0.04% SO_2 相比变化较小；0.16% SO_2 时比

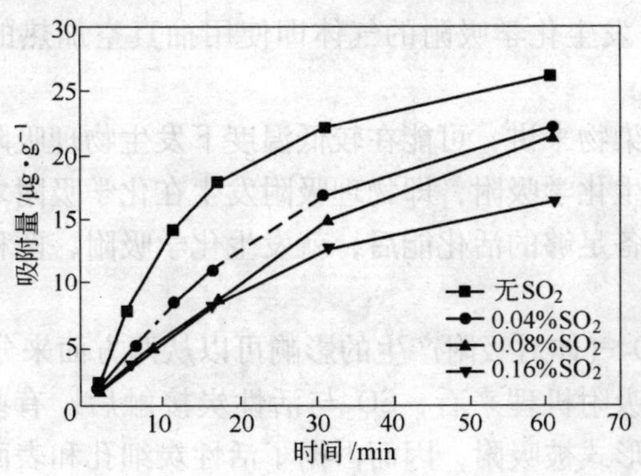

图 4-8 SO_2 气体对活性炭吸附的影响

无 SO_2时的吸附量减少了38%左右，可见吸附量的变化与 SO_2的含量并无比例关系。Miller 等人也在实验中发现 SO_2的存在可以使吸附效率有所降低，模拟烟气中间歇加入 SO_2气体，发现加入 SO_2气体之后，吸附效率下降，停止加入后，吸附能力也并没有回到原来的水平上。

这里简要介绍物理吸附和化学吸附的特点：根据吸附剂表面与被吸附物质之间作用力的不同，吸附可分为物理吸附和化学吸附。物理吸附是由于分子间范德华力引起的，它可以是单层吸附，也可以是多层吸附。物理吸附的特征是：（1）吸附质（被吸附组分）和吸附剂间不发生化学反应；（2）吸附过程快，参与吸附的各相间常常很快达到平衡，吸附过程的滞后现象是因为气体分子向吸附剂内部扩散的缘故；（3）吸附为放热反应；（4）吸附剂与吸附质之间的吸附力不强，当气体中吸附质分压降低或温度升高时，被吸附的气体能很容易从固体表面溢出，而不改变气体原来性状。工业上的吸附操作正是利用这种可逆性进行吸附剂的再生及吸附质的回收的。

化学吸附是由吸附剂与吸附质之间的化学键力而引起的，是单层吸附，吸附需要一定的活化能。化学吸附的吸附力比物理吸附强，主要特征是：（1）吸附有很强的选择性；（2）吸附速率较慢，达到平衡需要相当长的时间；（3）升高温度可提高吸附速率；（4）发生化学吸附的气体即使用抽真空加热的办法也难以完全除去。

同一污染物来讲，可能在较低温度下发生物理吸附，而在较高温度下发生化学吸附，即物理吸附发生在化学吸附之前，当吸附剂逐渐具备足够的活化能后，就发生化学吸附，两种吸附可能同时发生。

关于 SO_2气体对吸附产生的影响可以从两方面来分析：

从物理吸附机理来看，SO_2与活性炭接触后，有些 SO_2分子以物理吸附形式被吸附，因而占据了活性炭细孔和表面，使这些活性区域失去对单质汞的捕捉能力，引起活性炭对单质汞的吸附效率下降；从化学吸附的机理来看，SO_2气体和单质汞之间并不发生反应，因此SO_2气体对吸附时汞的氧化过程不起作用。但是部分SO_2分子由于活性炭表面的催化作用被氧化，以硫酸形式附着在吸附剂表面，存在于活性炭的细孔内。其反应式如下：

$$SO_2 + H_2O + \frac{1}{2}O_2 \longrightarrow H_2SO_4$$

这样也就削弱了活性炭对单质汞的吸附能力。在实际燃煤锅炉生成的烟气中，烟气含水量可达10%，SO_2在活性炭表面催化氧化为硫酸并填充到活性炭的细孔中去，由于活性炭表面是疏水性质的，溢流的硫酸凝结于活性炭材料上面，对汞的脱除造成一定影响，在工艺流程上可以考虑先脱硫，然后再喷入活性炭的方法，会得到较好的效果。

HCl 气体成分对活性炭吸附的影响

在BL混合气体的基础上，加入HCl气体，气体流量为1L/min，HCl气体含量分别为0、0.0025%、0.005%、0.0075%时，用10mg左右的活性炭进行了针对单质汞的吸附试验，吸附温度为125℃，停留时间0.13s，Hg^0入口质量浓度为19.3μg/m³。结果表明，HCl含量从0增加到0.0075%，活性炭吸附量从22ug/g增加到33ug/g。如图4-9所示，在60min时，未加入HCl气体的工况已基本接近吸附平衡，而加入0.0075% HCl气体的吸附效率却还将近67%（吸附后质量浓度与初始吸附时的比值为33%），可见HCl气体与其含量在很大程度上影响活性炭的吸附。Carey等人在研究影响活性炭控制燃煤汞排放的因素试验结果中表明，HCl气体从0到0.005%，活性炭的吸附量有显著增加。

分析其原因可能有两方面：一方面在模拟烟气各气体进入到吸附反应器前，HCl气体与Hg^0之间有反应发生，如反应式4-4、式4-5、式4-6所示，

$$Hg^0(g) + 2HCl(g) = HgCl_2(s,g) + H_2(g) \quad (4\text{-}4)$$

热力学计算表明，该反应具有很高的能垒，在较高的温度下

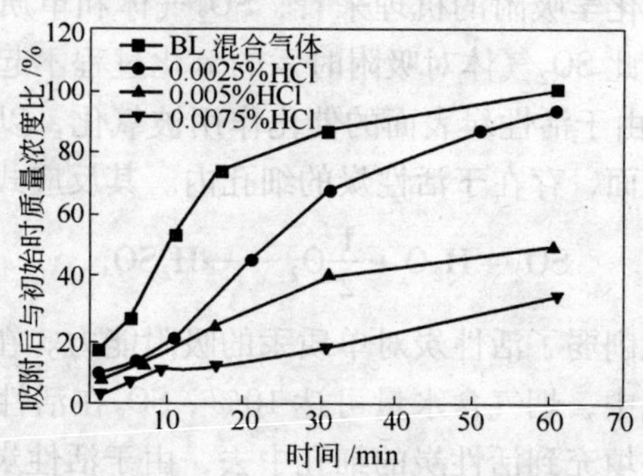

图 4-9　HCl 气体对活性炭吸附穿透曲线的影响

通过中间反应产生氯气分子和氯原子，可以使反应得以快速进行，生成产物 $HgCl_2$；在较低温度下（300℃以下）反应速度很慢，汞与氯化氢的直接反应受到限制，因此在这里这个反应并不是主要反应。以下两个反应式在 20 ~ 300℃ 范围内均可以缓慢发生。

$$2Hg^0(g) + 4HCl(g) + O_2(g) = 2HgCl_2(s,g) + 2H_2O(g) \tag{4-5}$$

$$4Hg^0(g) + 4HCl(g) + O_2(g) = 2Hg_2Cl_2 + 2H_2O(g) \tag{4-6}$$

Hg_2Cl_2不稳定，在 400℃以下分解，见式 4-7。

$$Hg_2Cl_2 = HgCl_2(g) + Hg_{(g)} \tag{4-7}$$

所以有部分 Hg^0被 HCl 氧化，生成 $HgCl_2$的形式，然后被吸附到活性炭细孔中。

另一方面 HCl 气体在进入活性炭吸附层时，部分被直接吸附在活性炭表面，活性炭的活性区域增加，从而加强活性炭的吸附作用，可以认为在物理吸附的同时发生了化学吸附。

HCl 和 SO_2 气体共同作用对活性炭吸附的影响

如图 4-10 所示，在 BL 混合气体的基础上，加入 HCl 和 SO_2 气体，气体流量为 1L/min，HCl 和 SO_2 气体含量分别为 0.005%、

0.008%和0.0075%，0.16%时活性炭的吸附动力学曲线。吸附反应温度为120℃，停留时间0.13s活性炭用量10mg左右，Hg^0入口质量浓度为19.3μg/m³。在前30min内，HCl和SO_2对活性

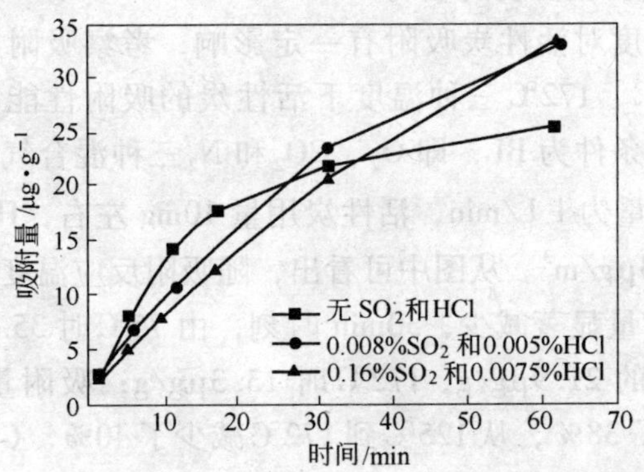

图4-10 HCl、SO_2对活性炭吸附的影响

炭的吸附产生了一定的抑制作用，30min之后，两种气体的存在又略微促进了活性炭的吸附作用。HCl和SO_2共同作用时，活性炭对Hg^0的吸附效果要好于SO_2单独存在时，但与HCl单独存在时比要差。活性炭吸附单质汞的过程开始被认为是物理吸附的过程，后来Krishnan等人通过活性炭脱附试验研究发现，活性炭吸附单质汞的过程是受物理吸附和化学吸附双重因素影响的，在140℃以及更高的温度条件下，化学吸附明显存在。活性炭对Hg^0的吸附受到HCl和SO_2等气体成分和含量的影响，表明活性炭对Hg^0的吸附不仅是物理吸附过程，也包括化学吸附过程。烟气各气体成分对活性炭吸附单质汞的影响机理目前还不清楚，但可能与单质汞被一些气体成分氧化有关。

活性炭对不同气体具有选择性的吸附作用，一般来说，吸附剂对各种吸附组分的吸附能力，随吸附组分沸点的升高而加大，在与吸附剂相接触的气体混合物中，首先被吸附的是高沸点的组分。这里混合气体中Hg^0的沸点最高（357℃），SO_2的沸点-10℃，HCl的沸点-85℃，可见被吸附组分的沸点与其他组分

的沸点相差很大，因此 Hg^0 首先被活性炭吸附，但是活性炭对 SO_2、HCl 的吸附在某种程度上会影响对 Hg^0 的吸附。

c. 吸附反应温度的影响

吸附温度对活性炭吸附有一定影响，考察吸附反应温度在 75℃、120℃、172℃三种温度下活性炭的吸附性能，如图 4-11 所示。气体条件为 BL，即 O_2、CO_2 和 N_2 三种混合气体，停留时间 0. 13s 流量为 1 L/min，活性炭用量 10mg 左右，Hg^0 入口质量浓度为 19. 3μg/m³。从图中可看出，随吸附反应温度的升高，活性炭的吸附量显著减少，30min 时刻，由 75℃时 35. 5μg/g 减少到 125℃时的 21. 9μg/g，172℃时 13. 3μg/g；吸附量从 75℃到 125℃减少了 38%，从 125℃到 172℃减少了 40%。Gullett 和 Jozewicz 也在活性炭吸附汞的试验中观察到：随着反应温度的升高，活性炭的吸附能力降低了。物理吸附的特点是随温度升高，吸附剂吸附能力下降，活性炭的这种表现可以认为是由物理吸附的机理决定的，活性炭表面捕捉 Hg^0 的活性区域就是吸附 Hg^0 的主要区域，同样在较高温度时该区域活性的减损和钝化也是由物理吸附的机理来决定的。在活性炭的活性区域，首先发生的是物理吸附。物理吸附是具有可逆性的，在 Hg^0 的吸附和脱附动态平衡中，由于较高的温度对脱附更加有利，因而导致在较高温度下，活性炭的吸附量降低。对于所有的炭基吸附剂，随着吸附温度的升高，吸附效率下降，但并非呈现线性下降趋势。但对于某些形式的吸附剂，比如金属氧化物，随着吸附温度的升高，吸附效率反而升高。

d. 用 $CuCl_2$ 处理后活性炭的吸附性能

对活性炭进行注氯过程：分别称取相应质量的 $CuCl_2$，将 2g 活性炭和 $CuCl_2$ 溶解在 20mlNHNO_3 溶液中，然后放置 24h 后，在 90℃炉温下烘干，研磨，过 0. 08mm（200 目）筛，最后放到干燥器中备用。$CuCl_2$ 加入量与样品含 Cl 量的对应关系如表 4-13 所示。

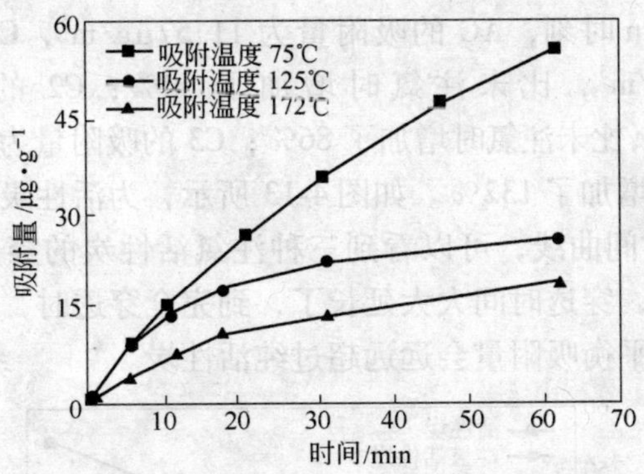

图 4-11 吸附温度对活性炭吸附的影响

表 4-13 活性炭注氯量

样品编号	C1	C2	C3
$CuCl_2$ 加入量/g	0.004	0.216	0.432
含 Cl 质量分数/%	0.058	0.28	0.57

活性炭注氯前后的吸附量-时间曲线如图 4-12 所示：气体条件为 BL，即 O_2、CO_2 和 N_2 三种混合气体，流量为 1 L/min，吸附反应温度为 125℃，停留时间 0.13s 活性炭用量 40mg 左右，Hg^0 入口质量浓度为 19.3μg/m^3。由图可知对活性炭注氯后，其吸附量都有所增加，而且含氯量越高，吸附量增加的幅度也越

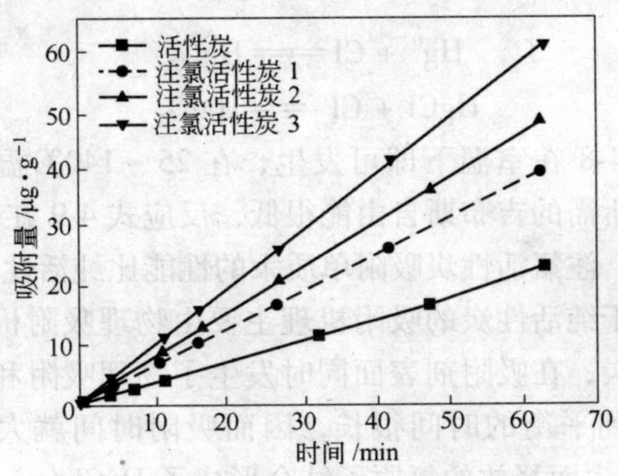

图 4-12 活性炭注氯处理前后对吸附的影响

大。在26min时刻，AC的吸附量为11.57μg/m³，C1的吸附量为17.34μg/m³，比未注氯时增加了50%；C2的吸附量为21.54μg/m³，比未注氯时增加了86%；C3的吸附量为26.77ug/g，比未注氯时增加了132%。如图4-13所示，为活性炭注氯前后的吸附效率-时间曲线，可以看到三种注氯活性炭的穿透率很大程度上降低了，穿透时间大大延长了，到完全穿透时，可以预测饱和活性炭的平衡吸附量会远远超过纯活性炭。

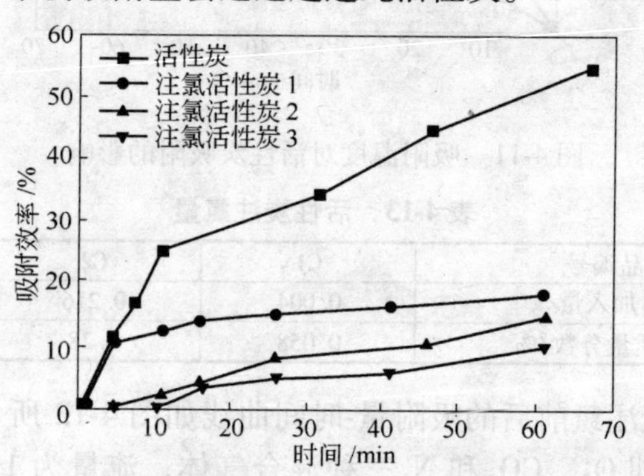

图4-13 活性炭注氯处理前后的穿透曲线

分析其中原因，注氯活性炭中的活性氯原子可能和单质汞发生如下反应：

$$Hg^0 + Cl \longrightarrow HgCl \quad (4\text{-}8)$$

$$HgCl + Cl \longrightarrow HgCl_2 \quad (4\text{-}9)$$

反应式4-8在室温下即可发生，在25～140℃温度范围内，该气态反应所需的吉布斯自由能很低，反应式4-9在较高温度下也可以发生。注氯活性炭吸附单质汞的性能比纯活性炭有大幅度提高，是由于纯活性炭的吸附机理主要由物理吸附机理所控制，而注氯活性炭，在吸附剂表面同时发生了物理吸附和化学吸附，化学吸附达到平衡的时间很长，因而吸附时间就大大延长了，Hg^0与活性炭表面释放的氯原子结合形成了HgCl（g），有一部分进而形成了$HgC1_2$；或者其他的汞氧化物，有研究者认为可能在活性炭表面形成了复杂的 $HgCl_4$ 的形式。化学吸附由于被吸附分子与固体表面分子之间的化学作用，在吸附过程中发生电子转移或公有、原子重排以及化学键的断裂与形成等过程，包括在吸附剂固体与第一层吸附物质之间形成化合物，需要一定的活化能，因而在较高的温度下更容易进行。Hg^0 与 Cl 之间的化学反应，可能发生在活性炭颗粒的孔内和表面，吸附剂在气相中的暴露时间较短时，反应可能发生在颗粒的表面，此时颗粒与气相之间的外部传质起决定作用；当暴露时间延长后，Hg^0 与 Cl 之间的化学反应可能以颗粒内部为主要区域，此时颗粒内部的扩散传质机理起到了控制作用。

e. 不同 C/Hg 比对吸附的影响

在相同的单质汞入口质量浓度条件下，通过改变暴露在气相中活性炭吸附剂的用量，或者在相同的活性炭吸附剂用量条件下改变单质汞的入口质量浓度，都可以改变吸附的一个重要条件：C/Hg 比。这里采用改变吸附剂用量的方法得到两组在不同C/Hg比条件下的数据。O_2、CO_2 和 N_2 三种混合气体，流量为1L/min，单质汞入口质量浓度 19.3μg/m³，吸附反应温度 125℃，其他条件如表 4-14 所示。

表 4-14 不同 C/Hg 比

样品	活性炭质量 /mg	Hg^0 质量浓度 /$\mu g \cdot m^{-3}$	气体流量 /$L \cdot min^{-1}$	时间/min	C/Hg 质量比
AC1	10.3	19.3	1	65	8210:1
AC2	44.7	19.3	1	135	17156:1

如图 4-14 所示，为两种 C/Hg 比的吸附量随时间变化曲线，高 C/Hg 比的曲线单位吸附量降低了，说明活性炭的利用率降低了。

Chang 等人把 C/Hg 比从 3000:1 提高到 10000:1，发现汞的吸附效率几乎增加了两倍；White 等人将 C/Hg 比增加 4 倍后，吸附效率增加了 30%。可见适量增加 C/Hg 比，可以提高除汞效率。但在实际工程应用中，单纯增加 C/Hg 比，有时候并不能得到很好的结果。考虑有几个原因：(1) 汞在烟气中的含量相对较低；(2) 其他相对含量更高的物质（如 O_2，SO_2，HCl 等）会被吸附在活性炭表面，占据活性炭的活性区域；(3) 烟气与活性炭的接触时间很短。这些因素限制了吸附剂的传质，降低了其活性和动态吸附能力，另外活性炭颗粒尺寸也影响着汞的质量传递。Flora 等人采用均相反应表面扩散模型，即 HSDM（Homogeneous Surface Diffusion Model）模型，描述了从活性炭颗粒表面到颗粒内部的动力学吸附过程，研究了 C/Hg 比的范围在 10^4 ~ 10^7 吸附过程，认为烟气中使用的 C/Hg 比应在 3×10^3 ~ 4×10^4 范围内。

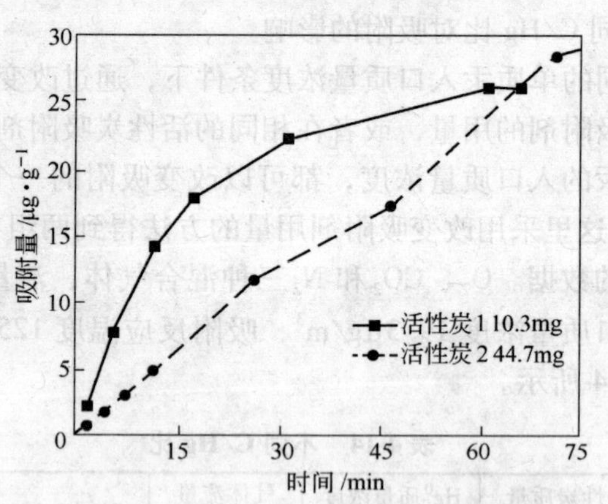

图 4-14 不同 C/Hg 比对吸附量的影响

4.3.4.2 其他类型吸附剂的吸附

A 飞灰

燃煤产生的飞灰能吸附烟气中的汞，因此飞灰是影响烟气中汞的形态分布的一个重要因素。由于飞灰容易获得，而且价格低廉，Owens 最早提出循环利用飞灰捕捉易挥发的重金属，飞灰在垃圾焚烧炉的烟气汞排放控制方面，已经显露出很重要的作用。

美国 CONSOL 实验室曾在五个燃烧中、高硫烟煤的电厂做过试验，采集底灰、省煤器灰和 ESP 除下来的飞灰颗粒分别进行检测，底灰中的汞含量很低（2%左右），省煤器灰中汞也很少，ESP灰样中含汞量较大，平均在3%～7%之间，其中有一个含汞量达到35%，其原因在于该灰样中的含碳量比较高，是其他样品的几十倍，可见飞灰的高含碳量对汞的吸附是很有利的。但也有科学家认为大幅度增加飞灰的含碳量，并不能相应提高飞灰吸附汞的能力。使用含碳量高的飞灰还有一个问题，高含碳量的飞灰电阻率低，这样会降低ESP的除尘效率。

飞灰对汞的吸附也与飞灰粒径大小有关，王起超等人和朱珍锦等人的研究表明，飞灰中汞的含量随着粒径的减小而增大，由于飞灰粒径越小，比表面积越大，这一规律表明汞在飞灰中呈表面富集状态。

用飞灰样品在不同烟温下进行比较试验，发现较低温度对飞灰的吸附更有利。另外不同煤种的飞灰也有差别，烟煤比次烟煤、褐煤的飞灰表现出更高的氧化率和吸附率。美国PSCo/ADA用烟煤飞灰（碳汞比5000:1），在ESP烟气入口处喷入，烟气温度106℃，停留时间0.75～1.5s，除汞效率达到48%。美国DOE和EPRI统计数据表明，燃用烟煤的电厂飞灰可捕捉烟气中30%的汞蒸气，若用ESP除尘，除汞过程就此结束；若用布袋（FF）除尘，当烟气经过FF中的飞灰层时，仍有一部分汞被吸附，则除汞效率可达60%，烟气经过WFGD，将85%～95%的Hg^{2+}溶解到洗涤塔的浆液中，这样通过除尘和脱硫设备后，烟气中大约60%的汞被除去了。如燃用次烟煤或者褐煤，则只有10%～20%的汞蒸气被飞灰吸附，再加上WFGD，总汞的脱除率也只有10%～30%。

Helfrich利用循环流化床（CFB）来增强小颗粒的凝聚作用，增加了颗粒的停留时间，大量飞灰在CFB中停留4s，充分利用小颗粒对Hg的吸附能力，同时也有助于减少小颗粒的排放。再将含碘活性炭（IAC）喷入到流化床中，可以进一步提高Hg的捕捉效率。

飞灰对汞的吸附主要通过以下途径：物理吸附、化学吸附、化学反应以及三者的结合。尽管目前学术界一致认为飞灰颗粒能捕获气相汞，但对飞灰吸附汞的机理并没有很好的认识。关于飞灰对单质汞的吸附机理，美国 Radian 实验室认为飞灰先吸附 Hg^0，当达到动态平衡时，和烟气中的气态成分（主要是 SO_2，HCl 和 NO_x）之间发生复杂反应，把烟气中的部分 Hg^0 氧化为 Hg^{2+}，而 Hg^{2+} 可以溶解到 WFGD 的浆液中。

B 钙基吸附剂

美国 EPA 已经采用钙基类物质（CaO，$Ca(OH)_2$，$CaCO_3$，$CaSO_4 \cdot 2H_2O$）研究汞的脱除，发现钙基类物质的脱除效率与燃煤或废弃物燃烧的烟气中汞存在的化学形式有很大关系，研究结果表明，钙基类物质如 $Ca(OH)_2$ 对 $HgCl_2$ 的吸附效率可达到 85%，碱性吸附剂如 CaO 同样也可以很好地吸附 $HgCl_2$，但是对于单质汞的吸附效率却很低。废弃物燃烧所产生的烟气中汞主要以二价汞的形式存在（一般认为以 $HgCl_2$ 为主要存在形式），而燃煤烟气中单质汞 Hg^0 的比例要高一些。因此也就可以解释在废弃物燃烧炉中利用钙基类物质除汞可以得到较好的结果，而对于燃煤烟气中汞的去除效果却不尽如人意。

由于钙基类物质容易获取，而且价格低廉，同时又是脱除烟气中 SO_2 的有效脱硫剂，如果能够在除汞方面取得一定突破，那么将会在多种污染物联合脱除方面有很大意义，因而如何加强钙基类物质对单质汞的脱除能力，成为比较迫切需要解决的问题，目前主要从两方面进行尝试，一方面是增加钙基类物质捕捉单质汞的活性区域，另一方面是往钙基类物质中加入氧化性物质。Ghorishi 等人采用第二种方法尝试改善生石灰（CaO）和硅酸盐物质（$CaSiO_3$）的吸附性能，结果发现改性后吸附效率有所增加。Ghorishi 等人在研究 HCl 对钙基吸附剂的影响时发现，由于氯原子和 Hg^0 相互作用，带有结晶水的 $CaSO_4$（$CaSO_4 \cdot 2H_2O$，$CaSO_4 \cdot 1/2H_2O$）对 Hg^0 的吸附作用大大增强了。

目前钙基吸附剂尚处于实验室研究阶段，还未用于工业实践。

C 沸石材料

沸石有天然沸石和合成沸石（一般称为分子筛）两类，60多年前发现天然沸石的分子筛作用和它在分离过程中的应用，促使人们用人工合成来仿制。世界上存在着大量的天然沸石矿藏，我国的天然沸石亦甚丰富，价格低廉。合成沸石主要是采用氧化铝、氧化硅、碱火黏土类矿物质为原料合成得到的。沸石拥有可供工农业利用的多种特性（吸附性、吸湿性、阳离子交换性等），尤其在吸附分离中应用十分广泛，沸石被广泛用作各种气体和液体的干燥剂、气体分离和净化的吸附剂、水体软化和净化处理等环保领域。

由于沸石具有独特的四面体结构，在吸附和催化过程中显示出很高的选择性，尤其在气体分离方面表现良好，因此有研究者希望利用沸石材料在汞的吸附方面有所突破。美国 PSI（Physical Science Inc.）用沸石材料作为工业锅炉控制汞排放的吸附剂，发现沸石材料具有一定的吸附汞的性能。Morency 在燃煤烟气中加入已知含量的单质汞（Hg^0）进行实验，结果表明沸石在高温和低温下都可以吸附 Hg^0 和 Hg^{2+}，目前主要集中在添加剂的研究方面，研究者希望能够找到某种试剂，利用之将沸石材料进行处理，从而能大幅度提高除汞吸附能力。现在已有某种试剂（专利产品）初步研制成功，处理后得到的新型沸石吸附剂对汞的各种形式的污染物均有较好的去除能力，当吸附剂与 Hg 的质量比为 5000:1 时，其性能可以与活性炭相当。对这种新型吸附剂后续的研究仍在进行，但它已经显示出在替代活性炭方面存在巨大的潜力。

D 钛类物质

美国辛辛那提大学利用 TiO_2（Titanium dioxide）吸附剂来捕捉汞。在实验室模拟试验中，将 TiO_2 喷入到高温燃烧器中，产生大量 TiO_2 凝聚团，凝聚团的大表面积可氧化并吸附汞蒸气，然后通过除尘装置被除去。但由于其松散的结构和反应效率低，对汞的捕捉效果不明显。若加以低强度的紫外光照射，Hg^0在TiO_2表面氧化为Hg^{2+}并与TiO_2结合为一体，显示出很好的除汞能力。

E　贵金属

美国 ADA Technologies，CONSOL 和 Public Science Gas & Electric 等研究机构用贵金属（如金等）作为吸附剂循环利用，称之为“Mercu-Re”过程。由于贵金属能够在烟气复杂条件下，吸附大量金属汞和相关的含汞化合物，而且在用高温气流加热到几百摄氏度后又能够脱附，用冷凝器脱附时汞以及化合物可以回收，脱附后贵金属吸附剂可以重新再循环利用。整个计划分两个阶段进行：实验室研究和现场测试研究。目前从实验室研究得到的结果来看，循环开始时，吸附剂的脱除效率可达 90% 以上，随时间增加，除汞效率逐渐降低，循环系统运行 7 周以后，除汞效率降为 65%。吸附剂吸附能力的下降，主要是由于循环过程中烟气中的酸性气体冷凝而附着在吸附剂表面，导致吸附剂部分吸附活性区域的丧失，这些问题还有待进一步深入研究。贵金属吸附剂除汞可以降低成本，减少有害物质排放，因而是很有发展潜力的。

4.3.5　湿法脱硫工艺

湿法脱硫的流程包括四个单元(见图 4-15)，分别进行尘埃去除、三级湿式气体洗涤、NH_3选择性催化还原 NO_x、活性炭吸

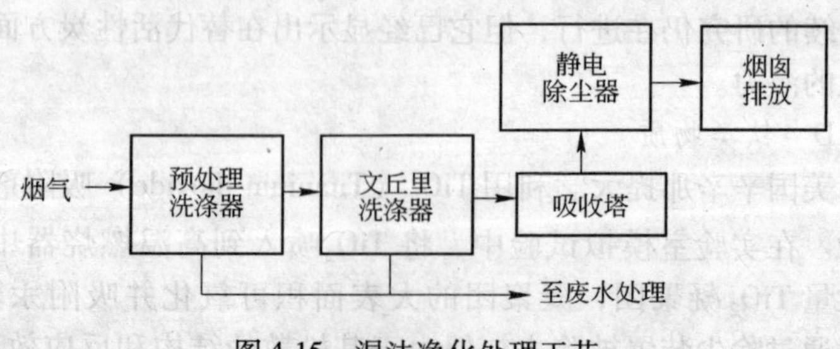

图 4-15　湿法净化处理工艺

附二噁英。工艺特点为：全湿式进行，提供了反应最优工况，消耗中和剂符合化学反应方程式剂量比，中和剂需采用 NaOH 或 $Ca(OH)_2$，但是 $Ca(OH)_2$乳液中和 SO_x会产生石膏，易堵塞管道及在设备中结垢；易引起腐蚀，存在风机带水及管道堵塞的风险，且污水需要净化。

湿法涤气取决于汞系污染物在溶液中的溶解度，如前所述，单质汞的水溶解度极低，而氯化汞等汞化合物却具有一定水溶解性，为加强单质汞的溶解性，实际工艺中通常添加氧化剂如次氯酸钠等。常用的水溶剂包括石灰溶液和多硫化钾等。

湿法烟气脱硫和喷雾干燥吸收是两个最常用的湿法净化工艺的典型实例，这里分述如下。

4.3.5.1 湿法烟气脱硫

美国 151 个电厂安装了 WFGD 系统，这几乎是所有燃煤电厂的 25%。ICR 测试的 WFGD 部件包括：CS-ESP（11 个测试点）、HS-ESP（6 个测试点）和 FF（两个测试点）。对于大多数结合湿法洗涤的污染物控制系统，能够脱除 90% 的氧化气相汞。在一些测试中 Hg^0不但没有被脱除反而有增加的趋势，大概是由于汞离子在洗涤液中同亚硫酸盐反应所造成的。

湿法洗涤和颗粒物控制装置复合除汞同样也受到了煤中氯含量的影响，氯含量决定了颗粒控制装置所排放的汞污染物类型和进入洗涤器的汞污染物类型。平均来说，相对于单独使用烟气脱硫，当煤中氯含量在 0.005% ~0.1% 之间时，增加 CS－ESP 后能使其脱除率从 30% 提高到 60%，当氯含量在 0.02% ~0.1% 时，增加 HS－ESP 后能使其脱除率从 20% 提高到 50%。通过在 FF 之后使用 FGD 这种复合形式能使脱除率达到最高平均值 88%，其中 FF 承担了 58% 并且进入洗涤器的汞有 77% 是氧化态。CS-ESP 和 FGD 复合使用能使脱除率平均达到 49%，其中 ESP 承担了 27%，并且进入洗涤器的汞有 53% 是氧化态。HS-ESP 和 FGD 复合使用能使脱除率平均达到 26%，其中 ESP 仅负担 4%，并且进入洗涤器的汞只有 34% 是氧化态。在实验中发现，洗涤器的构造也对汞(Ⅱ)的脱除有影响，如盘式塔结构相对于开式塔结构有更高的脱除率和液相气化率。悬浮液(slurry)的pH值变化范围在5~5.9之间时不影响汞的脱除水平。

4.3.5.2 喷雾干燥吸收

喷雾干燥吸收在使用碱性溶液吸收SO_2的同时也吸收了90%的气相氧化汞。FF和ESP均能捕获喷雾干燥器生成的干燥吸收剂和飞灰颗粒。当煤中氯含量超过0.02%时喷雾干燥系统中的FF也可以脱除小部分Hg^0。从喷雾干燥系统排出的汞主要以元素态存在，颗粒态的不超过0.5%。在ICR进行的10次测试中，随着煤中氯含量改变(最低时小于0.01%，最高时大于0.09%)，喷雾干燥器和FF的复合装置的脱汞范围在0%~99%之间(平均38%)。表明低氯含量的西部煤更适合使用喷雾干燥处理。在ICR的三次测试中，一台喷雾干燥器和一台ESP的复合装置平均能够脱除18%的汞，这和煤中氯含量没有必然联系。

据Fujisawa[52]报道通过湿法涤气(添加次氯酸钠)可清除FGS和MWC系统燃烧烟气中的95%~100%的汞，并通过对涤气废液的浓缩、蒸发和汞分离等一系列工艺回收溶解的汞。他还研究了自然气流中微量汞与稀释多硫化合物溶液的反应，并得出其脱除率为95%。Linengood等[53]研究了应用蒸馏水、饱和$Ca(OH)_2$溶液和0.1%多硫化钾$Ca(OH)_2$溶液脱除汞蒸气的可能性，实验表明，不管使用何种溶液和处理设施，其汞脱除率均不显著。总之，湿法涤气工艺的关键在于废液处理技术的复杂程度。

另一种应用并不太普及的涤气技术是金属熔液涤气，Browns[54]申请了此方面专利，该专利应用液体镓来吸附气相汞，因为镓在30~2000℃的广阔范围内均为液相存在，且其蒸气压低(在1443℃时为133.32Pa)，所以镓在脱除汞系污染物方面非常有效，其汞脱除率可达100%，特别此方法在处理高温烟气方面更加有效，该工艺的缺点是镓的成本高且镓蒸气具有污染性。

4.3.6 选择性催化还原剂

燃煤电厂通常使用选择性催化还原剂(SCRs)或选择性非催化还原剂(SNCRs)来减少 NO_x，而此过程能够增加汞的氧化并且改善其脱除率。由于其他变量的遮蔽效应，ICR 对两家使用 SCRs 的电厂和三家使用 SNCRs 的电厂所做的测试没有取得实质性结果。欧洲有报道在实验室中通过使用适量 HCl，可将所有 Hg^0 在 SCR 催化剂表面氧化成 $HgCl_2$；在电厂的全规模测试中发现，元素汞从 40% ~60% 减少到 2% ~12%，从而可知 SCR 催化剂的效果受到还原气体和飞灰的影响。能源与环境研究中心(EERC)在对 SCR 效果测试时发现，当燃烧两种高含氯量的东部烟煤时，通过 SCR 的颗粒态汞有大幅增长，但当使用一种低氯含量的保德河盆地(PRB)次烟煤时，生成物几乎不受影响。同工作温度和废气中氨浓度一样，煤的种类及其氯、硫和钙含量都能改变汞的生成物。我们需要通过更进一步的实验来了解在 SCR 催化下汞的反应。在 EPRI 和 DOE 的赞助下，EERC 在电厂全规模水平下对 SCR 做出了更多测试以求得到更完善的结果，同样也对氨废气条件下的 SNCR 效果进行了评估。

4.3.7 组合工艺

如德国 ABB 公司开发的 TCR(Total Cleaning and Recycling)工艺[55]，烟气首先经过废热锅炉，再经第一级袋式除尘器除尘。在洗涤段，烟气经水骤冷后用盐酸洗涤以吸收 SO_2，同时溶解和分离气固态重金属(如汞)。洗涤段后经第二级袋式除尘器处理，即吸附过滤；采用活性炭和 $Ca(OH)_2$，可以较好的吸附二噁英、呋喃和洗涤后残留汞。随后进入去毒段，采用选择性催化还原(SCR)作终端处理，上游的过滤吸附提供了对催化剂的保护；去毒反应可以在 200℃或 200℃以下进行，并可维持较长停留时间；可采用多种催化剂混合使用，首先还原 NO_x，然后氧化有机物(主要为二噁英和呋喃)，操作温度约 300℃。

烟气净化中产生的残余物按以下方法处理：焚烧炉产生的飞灰和第一级袋式除尘器收集的尘埃可用电热炉熔化为无害的玻璃状熔渣，作喷砂或铺路材料；洗涤段产生的废水可用蒸馏、蒸发、结晶、过滤等回收有用资源，得到盐酸、氯化物、石膏等产品；过滤吸附段中使用过的吸附剂可直接返回焚烧炉以去除其中所含的二噁英和呋喃，或与第一级袋式除尘器中收集的尘粒一起熔化成玻璃状熔渣。

4.3.8 电晕放电等离子体技术

近二十年来，西方发达国家，如美国、意大利等国家以及日本对等离子体技术应用于燃煤烟气治理进行了大量研究，可用于处理 SO_2、NO_x 等污染气体。目前也有学者将其应用于汞的脱除方面进行研究。

先介绍一下等离子体的概念：绝对温度不为零的任何气体中，都有一定数量的原子电离，即除中性粒子外，还存在带电粒子——电子和离子。但是，只有在带电粒子的密度达到其建立的空间电荷限制着自身运动时，带电粒子才对气体的性质产生显著的影响。随着密度的上升，这个限制变得越来越重要。当密度足够大时，正负带电粒子之间的相互作用，在整体上维持着宏观电中性；这时，宏观电中性的破坏会引起强电场的出现，从而很快恢复电中性。这样密度的电离气体称为等离子体。

产生等离子体的方法很多，目前在烟气治理领域，研究最多的就是电晕放电法。直流电晕放电是在直流高压作用下，利用电极间电场分布不均匀性而产生的一种放电形式；脉冲电晕放电是利用窄脉冲高压电源供能，脉冲电压的上升前沿极陡（上升时间为几十至几百纳秒），脉宽也窄（几微秒以内），在极短的时间内，电子被加速为高能电子。

昊彦等人利用窄脉冲电晕放电方法来消除垃圾焚烧炉烟气中的汞蒸气，并进行了 $10m^3/h$ 烟气的工业性试验，汞蒸气的减少率随气体温度的增加而减小，并与气体在电场中的停留时间、脉冲电压频率以及电晕功率有一定关系式存在，对于初始质量浓度为2mg/m^{3}的汞蒸气，在一定条件下可达100%的消除率，同时证明，HCl气体存在，可以促进汞蒸气的消除。其脱除原理主要是汞蒸气在电晕场中，与放电所产生的氧原子(O)和臭氧(O_3)作用，所进行的化学氧化反应如下：

$$Hg + O = HgO$$

$$Hg + O_3 = HgO + O_2$$

$$Hg + 2Cl^- = HgCl_2$$

由于燃煤烟气中汞的质量浓度很低，且难以捕捉等原因，等离子体这种新型技术用于燃煤烟气除汞的研究并不多。

4.3.9 活性炭汞脱除机理的研究

因为汞吸附量随温度升高而降低，因此一些研究者认为汞在活性炭上的吸附过程属物理吸附，而另一些则认为有化学吸附存在[56]。Jozewica研究了汞蒸气在活性炭上的吸附机理，认为化学吸附发生在活性炭“活性点位”处。实验测试了两种活性炭：Norit公司的热处理活性炭PC-100和Calgon Arebon公司的载硫活性炭HGR，两种活性炭的前驱体均为烟煤。因为不锈钢与汞具有亲和性，所以实验装置由高分子材料阀和管路搭建。实验发现活性炭HGR的汞吸附能力随温度升高而降低，而活性炭HGR主要以微孔为主导，介质传输通过分子壁碰撞进行。温度对介质孔扩散率的影响表现为次要因素，所以其吸附机理主要由式4-10所示的化学反应引起，

$$Hg + S \rightleftharpoons HgS \tag{4-10}$$

其中S是活性炭HGR表面所担载的硫。

当温度范围为23～140℃时，活性炭PC-100的汞吸附量并未受明显影响，表明化学吸附是活性炭PC-100汞吸附过程的主要吸附机理。

Krishnan[57]最近对FDG活性炭(褐煤基、孔径范围2～25nm)进行了研究，综合了HGR、PC-100和FDG这三类活性炭

的吸附机理。在23℃，PC-100的吸附能力最高，其吸附过程是物理吸附和化学吸附在活性点位综合作用的结果；FDG的吸附能力最低，其吸附过程主要发生在活性点位处；HGR的吸附能力居中，其吸附动力阶数大于1。140℃时，PC-100的吸附能力中等，其活性点位处化学吸附阶数为0；FDG的吸附能力降至最低，且吸附主要发生在活性点位处；HGR主要通过汞和吸附剂外表面硫相互作用的化学吸附进行。热处理对三种活性炭的影响亦不相同，对于PC-100和FDG，因为热处理会破坏其活性点位，导致其在23℃和140℃的汞吸附量降低；但是热处理并不影响HGR的吸附能力，因为其活性点位(如S)，基本上未被破坏。试验结果表明活性炭表面上的“活性点位”在汞吸附过程中扮演着重要的角色。而Sinha及Walker[58]的研究结果与之不同。他们报道载硫活性炭的高温汞吸附能力低于其低温吸附量，并认为其吸附机理主要为化学吸附。上述差别可能是前驱体种类、活性炭加工途径和其孔径分布的不同所致。所以仍需对其吸附机理做深入研究。

4.3.10　未燃残炭对燃煤烟气中汞的脱除研究

前面提到，焚化烟炱和未燃残炭等多孔介质在技术上可作为活性炭替代品，应用于锅炉烟气的汞污染控制。Sakulpitakphon等[59]研究了利用飞灰脱除燃煤烟气汞的可能性，他发现在布袋除尘器前方，逆流喷入额外飞灰时，可除去91%的汞。而若采用石灰取代飞灰，则汞脱除效应极低。研究同时发现，当飞灰中烧失量LOI升高时，脱汞效率会明显增加。

Seigneur等[60]作了污水焚化烟炱和活性炭颗粒对汞蒸气的吸附研究，所用原状焚化烟炱的LOI为35.21%，热处理烟炱(在氮气氛围下，500℃加热8min)的LOI为33.37%，比表面积为$17.8m^2/g$。所用活性炭的比表面积为$716m^2/g$。他发现在25℃下，烟炱的汞吸附能力为10μg/g数量级，介于一般土壤汞吸附能力(0.01μg/g)和活性炭(1000μg/g)之间。他认为吸附过程是物理吸附，并用 Dubinin 方程描述了吸附过程。

Serre[61]试验分析了活性炭和燃煤飞灰残炭对烟气汞的吸附脱除行为。所用活性炭比表面积为 485 ~ 724m^2/g，灰分 2% ~ 26%，其粒径小于 44μm（325 目），表面积为 10m^2/g，灰分 43%。在固定床实验中，测试气体包括 10% CO_2、5% O_2、10% H_2O、7.5×10^{-3}% HCl 和 120μm/m^3（标态）的汞，其余成分为 N_2，总流速为 6L/m。通过床层（长 38cm、直径 5cm、吸附剂长度 5 ~ 7mm）的平均流速为 0.08m/s，气体滞留时间 0.06 ~ 0.08s，吸附温度 120℃。实验表明，虽然活性炭的 Hg^0 吸附能力比残炭强得多（比残炭吸附能力多两个数量级以上），但是残炭对 $HgCl_2$ 的吸附能力明显增强，Serre 分析这可能与残炭表面含有较多无机矿物极性活性点位有关。

4.4 汞污染控制技术的发展趋势

从 1995 年开始，世界各国相关研究组织已经开始联手合作，以加速发展经济有效的汞污染控制技术，包括提高现有的空气污染控制装置的除汞效率，优化吸附剂喷射技术，选择和发展新型的汞污染控制技术。美国能源部（DOE）的燃煤汞污染减排目标是：到 2005 年减少 50% ~ 70%，到 2007 年减少 90%，并将其成本控制在当前估计成本(20 亿 ~ 70 亿美元）四分之一到二分之一之间。EPA 资助完成了另外一部分汞污染控制技术的研究和发展项目。这里针对美国的情况，叙述相关典型的技术如下：

（1）Radian 国际电力公司主要任务是确定在广泛的汞质量浓度范围和复杂烟气成分条件下，活性炭对汞吸附的影响因素，并且确定其中酸性气体对吸附能力的临界效应。同时评估在 FGD 系统中，Hg^0 的气相氧化催化剂和为加强汞捕集能力的相关添加剂的使用效果，相关的现场试验分别在三家电厂中完成。

（2）在美国能源部（DOE）的赞助下，Babcock and Wilcox（B&W）主要研究"McDermott"的除汞技术。该研究建立在大量的 HAPs 控制研究基础上，其主要目的是使汞污染物在湿法 FGD 中的脱除效果达到最佳。该项目主要通过对两家电厂(密歇根州一家55MW电厂和辛辛那提附近一家1300MW电厂)的FGD洗涤器现场试验，找出一种添加在洗涤器溶液中的液体添加剂，该试剂能够加强洗涤器对汞的捕集。B&W也研究了喷射石灰石对脱除汞的影响，该方法可用于未装备湿式洗涤器的电厂中，由于其使用成本低于活性炭，实验取得了一定的成绩(吸附剂/汞的比率为125000时起脱除率为56%，试验底线是18%)。

(3) 阿尔贡国家实验室(ANL)对大量用来加强湿法FGD脱汞能力的添加剂进行了详尽评估。小型实验表明，在烟气进入湿式洗涤器前注入稀释氯酸和氯酸钠溶液，可以脱除将近100%的汞和80%的NO_x。

(4) ADA公司发展了一种使用可再生吸附剂以捕获汞的新型技术，该技术使用某种少量的贵金属(如金)来作为捕获剂，通过商业化的再循环过程使Hg^0回收，从而使吸附剂得到再生。相关的实验表明此方法可吸附95%的单质汞和氧化汞，并且载汞吸附剂的再生使用效果良好。但是现场的半工业化实验表明烟气中的酸性气体会严重影响汞的脱除。

(5) “Physical Sciences”在DOE的资助下进行了沸石催化剂的实验室研究，包括纯沸石和经过化学处理沸石(以促进汞的捕获)。吸附剂喷射比率在20000~100000之间时，汞的捕获水平在45%~92%之间。当气体温度从130℃增加到200℃时，其吸附水平不会降低。同炭吸附剂不同，使用由铝硅酸盐构成的高剂量沸石，由于其与飞灰具有相似的化学组成，所以对飞灰的综合利用基本没有影响，不会减少飞灰作为水泥替代物和塑料添加剂的商业使用价值。

(6) 许多研究组织都做过载硫活性炭的实验，如匹兹堡大学、伊利诺斯大学、TDA研究院和ANL等。同时对其他浸泡试剂也做了测试，其中$CaCl_2$效果较好。通过使用载硫活性炭，可以加强其在氮/空气或含SO_2和NO_x的烟气中的脱汞能力。

(7) 在光化学和电催化技术基础上发展的许多控制技术也

取得了相当的进展。探索性试验表明单纯紫外线照射和通过TiO_2催化的紫外线照射能够促进单质汞的氧化。结果表明在Powerspan电厂（ESP）中有效使用电催化氧化技术［Electro－Catalytic Oxidation™（ECO）］能够改变汞的脱除率，该技术通过绝缘体栅栏放电产生气相基团，如原子态氧、可氧化汞及NO_x、SO_2的羟基官能团和其他有害痕量元素，因此它们能被湿式冷凝ESP充分捕获。实验表明将ECO技术用在东部烟煤上时，汞的脱除率能够达到81%，这可能是由于该种类煤中汞的氧化水平较高的缘故。实验中：有八种痕量元素（As、Ba、Cr、Cu、Pb、Mn、Ni和P）的脱除率在99%以上，Zn为97%，NO_x为75%，SO_2为44%，HCl为73%～88%，HF为72%～83%。

上述的各种汞污染控制方法，不管是成熟的，还是尚处于研究发展过程中的，均有望在燃煤电厂中得到贯彻实施，而具体的应用效果则取决于各项技术的发展水平和其商业竞争力。到目前为止，有效的汞污染控制技术有：活性炭喷射（包括化学剂担载）、飞灰和沸石吸附、氨吸附、单质汞的催化氧化、电晕放电、可再生吸附剂技术和燃前煤洗选等。基于当前发展水平，吸附剂喷射、湿法FGD和煤的洗选是最有效的处理汞的方法。在美国，电厂中使用最多的汞污染控制方法就是吸附剂喷射。但是，在确定不同燃煤技术和颗粒物控制装置应用的成本效率上仍有很多问题需要解决。由于湿法FGD能够脱除80%～95%的汞（Ⅱ），因而它对燃煤汞污染控制具有重要意义，虽然在湿法FGD中提高Hg^0的脱除效率仍然尚待解决。在美国，动力煤的洗选主要应用于东部烟煤，并且导致了所含汞的一些相应反应。新的洗选方法虽然能够脱除更多的汞，但还不成熟，而且成本高昂。今后的研究重点将集中于这三种方法上。

4.5 结论

汞常温下挥发性显著，对人体有毒性。其20℃蒸气压为0.16Pa，而有机汞，如甲基和二甲基汞的毒性则更强。汞可被氧化剂（氯、硫、碘、高锰酸钾和强酸等）氧化而形成更稳定化合物（如 HgS 和 HgI_2）。汞齐反应是汞的另一个重要性质，汞与金、银等金属物质均能发生汞齐反应。

人们通常所关注的有毒含汞气流包括自然气流、氯-碱加工通风气、化石燃料燃烧和垃圾焚烧等产生的烟气等。这些含汞气流的特点是汞质量浓度低、汞系污染物种类复杂、流速高而且一些气体温度高。对汞污染的有效控制构成了挑战。气流中汞系污染物的组成取决于气体化学环境的经历过程，最主要的汞系污染包括单质汞和无机化合态。氯是燃煤烟气中最主要的氧化剂(即汞的氯化反应)，但相对于垃圾焚烧而言，燃煤烟气中汞单质形态所占比重大。

烟气中汞污染物可划分为气相和固体颗粒两种，其组成的影响因素有气体温度、气体-颗粒接触时间、汞系污染物类型和飞灰组成等。燃煤烟气中大部分汞为气相（85% ~95%）。其中化合态汞比单质汞更易被炭质吸附剂吸附，对于湿法涤气处理亦是如此。这是因为炭质表面有活性点位存在，而且炭质吸附剂空隙内的凝结水分子对汞污染物的亲和性较高所致。

目前吸附剂吸附和湿法涤气是气流脱汞的主流技术。炭床和硒床吸附广泛地用于氯-碱加工业、气体液化、初级铜和铝的熔炼中。对于燃煤及垃圾焚烧烟气中的汞污染物脱除，一般通过烟道气净化装置的综合脱除作用来完成。在欧洲，炭床吸附得到普遍应用；而在美国，则更倾向于使用炭粉喷入技术。资料表明炭粉喷入速率是影响汞脱除率的最主要因素，炭粉喷入技术的采用会使电厂电价成本增加 4%，其中电价增加的主要部分来自吸附剂活性炭价格。

炭床吸附和炭粉喷入技术所使用的吸附剂包括活性炭、沸石及其化学浸渍态，如载银、载金和载硫。最近廉价的吸附剂，如某些天然矿物、焚化烟炱和飞灰未燃残炭也在开发研究中，其吸附机理尚待解释。

汞吸附脱除技术可应用在多种类型的含汞气流中，含汞量在

0.003～20mg/m^{3}之间，因为气体类型和汞含量的不同，所用的炭质和吸附技术亦不相同，而且不同研究者的测试结果和解释有时不相吻合。许多研究者认为炭质表面对汞的吸附过程在本质上为物理吸附，而另一些则坚持认为化学吸附占主导，并认为化学吸附发生在炭表面的“活性点位”处。对于化学浸渍态炭质，吸附过程主要受所担载化学物质的控制。对于物理吸附部分，主要吸附机理包括凝结和汞与炭质表面的范德华力及其他作用。

影响炭质对汞吸附的主要因素包括温度和湿度。一般来说，温度和湿度越高，则汞吸附量越低。其中温度主要影响汞在炭质表面的蒸发和凝结过程，即影响汞分子动能和吸附动力（Arrhenius 定律），并影响化学反应平衡点的移动（取决于具体的吸、放热反应）。而气体中的水蒸气会与汞竞争吸附，从而影响汞分子在炭表面的吸附。

总之，有毒含汞气流的除汞研究已有大量的研究成果，并在实践中得到相当程度的应用。鉴于炭床吸附及炭粉喷入技术所使用的吸附剂——活性炭的成本偏高，已成为进一步推广此类技术的障碍，廉价吸附剂的开发是今后的一个研究方向。但不同研究者的实验结果和解释有时并不相符，因此有必要对于汞质量浓度、汞系污染物类型、气相组成、温度、湿度和前驱体的影响作用进行深入的系统化研究。而本研究主要针对飞灰未燃残炭对单质汞的吸附过程，进行吸附模拟试验，并分析和解释其吸附机理。

5 飞灰未燃尽残炭的浮选柱分离

飞灰作为煤粉燃烧产物，受原料及燃烧工况的影响，原状灰或多或少会含有未燃尽有机物，即未燃尽残炭。飞灰中未燃尽炭含量的超标，不仅带来相应的环境问题，而且制约着燃煤飞灰在许多领域的应用。

当今世界上降低燃煤飞灰炭含量的方法主要有两种：（1）排灰前降低炭含量，即进行锅炉改造以提高煤粉燃烧效率；（2）对高炭燃煤飞灰采用一定工艺和方法，将其中未燃尽炭除掉一部分。主要实用技术有：燃烧法、电选法、浮选法和离心分离等[62]。其中以湿法分选的浮选法和干法分选的电选法应用最为普遍。

5.1 燃煤飞灰的基本性质

5.1.1 形态特征

燃煤飞灰是一种高度分散的微细颗粒集合体，主要由氧化硅玻璃微珠组成，粒径 1 ~ 50μm，根据颗粒形状可分为球形颗粒与不规则颗粒。球形颗粒又可分为低铁质玻璃微珠与高铁质玻璃微珠，若据其在水中沉降性能的差异，则可分出漂珠、轻珠和沉珠；不规则颗粒包括多孔状玻璃体，多孔炭粒以及其他碎屑和复合颗粒，以上各颗粒非常细小，只有借助扫描电子显微镜（SEM）才能详细观察其形态特征。

5.1.2 化学成分

燃煤飞灰是一种火山灰质材料，来源于煤中无机组分，而煤中无机组分以黏土矿物为主，另外有少量黄铁矿、方解石、石英等矿物。因此燃煤飞灰化学成分以 SiO_2 和 Al_2O_3 为主（SiO_2 含量在50%左右，Al_2O_3 含量在27%左右），其他成分为 Fe_2O_3、CaO、MgO、K_2O、Na_2O、SO_3 及未燃尽有机质（烧失量）（见表5-1）。不同来源的煤和不同燃烧条件下产生的燃煤飞灰，其化学成分差别很大。

表5-1 我国31个有代表性的火力发电厂燃煤飞灰的化学成分（质量分数） （%）

成分	SiO_2	Al_2O_3	Fe_2O_3	CaO	MgO	K_2O	Na_2O	SO_3	烧失量
变化范围	33.9~59.7	16.5~35.4	1.5~19.7	0.8~10.4	0.7~1.9	0.6~2.9	0.2~1.1	0~1.1	1.2~23.6
平均值	50.6	27.1	7.1	2.8	1.2	1.3	0.5	0.3	8.2

5.1.3 物相组成及其他性质

5.1.3.1 矿物组成

燃煤飞灰以玻璃质微珠为主，其次为结晶相，主要结晶相为莫来石、磁铁矿、赤铁矿、石英、方解石等。

玻璃相是燃煤飞灰的主要结晶相，燃煤飞灰玻璃质微珠及多孔体均以玻璃体为主，玻璃体含量为50%~80%，玻璃体在高温煅烧中储存了较高的化学内能，是燃煤飞灰活性的来源。

莫来石是燃煤飞灰中存在的 SiO_2 和 Al_2O_3 在电厂锅炉燃烧过程中形成的。SEM下偶尔可以见到莫来石的针状自形晶集合体，莫来石含量在3.6%~11.3%之间，其变化与煤粉中 Al_2O_3 含量、煤粉燃烧时的炉膛温度等诸多因素有关。

磁铁矿和赤铁矿是燃煤飞灰中铁的主要赋存状态，一般磁铁矿含量较高。

石英为燃煤飞灰中原生矿物，常量棱角状，不规则粒，粒度20~150μm不等，含量不高。

5.1.3.2 活性

活性，也称为火山灰活性，指燃煤飞灰能够与石灰生成具有胶凝性能的水化物。燃煤飞灰本身没有或略有水硬胶凝性能，但在水分存在，特别是在水热处理（蒸压养护）条件下，能与 Ca（OH)$_2$等碱性物质发生反应，生成水硬胶凝性能化合物。

燃煤飞灰活性与燃煤飞灰化学成分、玻璃体含量、细度、燃烧条件、收集方式等因素有关。一般 SiO_2 含水量高，燃烧温度高，玻璃体含量多，曲度大，含炭量低的燃煤飞灰活性高。

5.1.3.3 物理性能

燃煤飞灰物理性能包括容重、密度和比表面积等，这些性质对燃煤飞灰非常重要，是化学成分及矿物组成的宏观反映，通常燃煤飞灰平均物理性质见表5-2。

表5-2 燃煤飞灰平均物理性质

密度 /$kg \cdot m^{-3}$	容重 /$kg \cdot m^{-2}$	堆密度 /$kg \cdot m^{-3}$	4900 孔筛余 /%	2000 孔筛余 /%	透气法比表面积 /$m^2 \cdot g^{-1}$
1.81 ~ 2.47	0.48 ~ 1.26	0.24 ~ 0.51	0 ~ 65.0	微量 ~ 86.15	1000 ~ 7477

5.1.3.4 矿物加工性质

燃煤飞灰组分的矿物加工性质与其矿物加工方法有直接的关联，是决定各组分分离（级）方法的重要依据。飞灰各组分的平均矿物加工性质见表5-3。

表5-3 飞灰组分的矿物加工性质

飞灰组分	质量分数/%	磁 性	密度/$g \cdot cm^{-3}$	粒度/μm	附 注
空心微珠	0.3 ~ 0.5	抗磁性	0.6 ~ 0.7	50 ~ 100	空心，多孔
残 炭	0.5 ~ 12	抗磁性	1.3 ~ 1.5	>100	黑色，多孔
磁 珠	4 ~ 5	磁 性	3.8 ~ 4.2	50 ~ 74	黑色或棕色
玻璃微珠	38 ~ 40	顺磁性	1.9 ~ 2.1	<40	空心或实心，外表面常嵌布莫来石晶体
不规则颗粒	40 ~ 42	顺磁性	1.9 ~ 2.4	>100	石英等矿物颗粒或玻璃微珠破碎体

5.2 飞灰的综合利用

燃煤飞灰是煤粉经燃煤锅炉高温燃烧，并发生一系列物理化学变化后产生的以玻璃相为主的细分散状固体废弃物（又叫人工火山灰）[63]。全世界年排放燃煤飞灰总量约5亿t以上。而我国就超过1亿t，居世界第二位。相应带来诸多环境问题。随着我国经济建设发展，燃煤飞灰排放量会进一步增加。因此经济有效的燃煤飞灰综合利用日益成为一个重要问题。

然而，在燃煤飞灰资源化利用过程中遇到的一个主要问题是未燃尽炭含量超标，它制约着燃煤飞灰在许多领域的应用。一些发达国家为降低煤炭燃烧时产生的对环境有害气体（NO_x、CO_2等）的排量，对燃煤锅炉进行了低NO_x排放改造，从而导致燃煤飞灰含炭量增加。而对于发展中国家，由于很多燃烧设备陈旧使煤粉燃烧不充分，也直接导致燃煤飞灰中炭含量升高。这给燃煤飞灰有效综合利用带来显著负面影响。部分国家标准中对燃煤飞灰含炭量具体规定如表5-4所示。其中经济发达国家对燃煤飞灰含炭量要求较严。而发展中国家要求相对较松。但总体来看，只有降低燃煤飞灰含炭量，才能有效提高其质量等级，从而为其综合利用开辟广阔市场。

表5-4 部分国家对燃煤飞灰含炭量的要求标准

国家	中国			美国			加拿大		英国	日本	德国	澳大利亚	印度
标准	GB 1596-9			ASTA C-6181			CAN 3-A23.5-M82		BS	JISA 3892	DIN 6201-77	AS 1045	IS 1129
等级	Ⅰ	Ⅱ	Ⅲ	C	F	N	C	F					
LOI/%	5	8	15	6	6	10	6	12	7	5	5	8	12

5.2.1 燃煤飞灰的资源特性

据上所述，煤粉燃烧后，分散于煤有机质中的无机组分在高温后急冷的热动力条件下，形成了主要成分为Al_2O_3和SiO_2、主要物相为玻璃相的各种微细颗粒。玻璃体内储存了大量化学内能，有大量游离状态的Al_2O_3、SiO_2及金属氧化物（K_2O、Na_2O、Fe_2O_3、CaO、MgO）存在；同时，燃煤飞灰颗粒微细，比表面积大，易于与其他成分反应形成新的物相。因此，燃煤飞灰可作为重要的无机非金属资源用于建材、建工、陶瓷、化工及环保等领域。

燃煤飞灰的活性以及表面光滑的玻璃微珠所具有的形态效应及微集料效应，使其能够广泛用于建筑材料的生产与建设工程，这些今后仍将是燃煤飞灰最主要的利用途径。

煤粉锅炉中空心微珠的形成，赋予燃煤飞灰更高的利用价值。首先，空心微珠以其质轻、中空、熔点高、导热系数小、热稳定性强及耐压强度大等优点而成为轻质耐火保温隔热材料；其次，空心微珠由于质量轻、绝热性能好、强度大，可作为填料而广泛应用于塑料、橡胶、树脂、人造大理石等多种材料的生产；此外，空心微珠在石油、化工、精密陶瓷、航空航天等领域也具有广阔的利用前景。

低铁质玻璃微珠及多孔玻璃体具有良好的烧结性，可作为生产各种烧结砖或陶瓷制品的原料；另外，这些颗粒中存在的莫来石晶体，是耐火材料工业最重要的原料之一，以燃煤飞灰为原料，可合成出满足国家标准的莫来石熟料。

燃煤飞灰在环保与化工领域也有较大的利用潜力。一方面，锅炉中飞灰本身具有吸附 SO_2 及超细飞灰的能力[64]，从而可减少有害气体及大气颗粒物的排空；另一方面，燃煤飞灰可吸附污水中部分有害元素，若利用燃煤飞灰合成分子筛，则具有更强的吸附能力。

燃煤飞灰的物理性质类似砂壤土或粉砂壤土，主要化学成分与土壤类似，且含有植物所需营养元素。此外，燃煤飞灰中磁珠的存在，可增强土壤的磁性，因此，燃煤飞灰可用于土壤改良及制作农肥。

煤中部分具有工业价值的稀有元素（Ga、Ge、U 等），通常在细粒飞灰中富集，若达到工业品位，可予以提取利用。

对上述多数利用途径而言，燃煤飞灰中磁珠与未燃尽炭粒可能都是不利组分，但二者与其他组分理化性能差异较大，易于分选。选出的磁珠，可作为炼铁或生产水泥的原料，也可代替磁铁矿粉作为选煤厂重介质；未燃尽炭粒可作吸附剂或活性炭原料等。

5.2.2 燃煤飞灰的利用现状

自从人们发现燃煤飞灰具有火山灰活性，并将其作为水泥代用品生产混凝土，迄今已有半个多世纪的历程。目前，燃煤飞灰已被应用于建材、建工、回填、筑路、农业、化工、环保、高性能陶瓷材料等众多领域。我国电力生产主要依赖于燃煤，是目前燃煤飞灰排放量最大的国家。20 世纪 50 年代，建材部门已开始尝试将燃煤飞灰用于建材制品及混凝土的生产；60 年代，形成了以建材利用为主的燃煤飞灰利用格局；80 年代以来，燃煤飞灰排放量剧增，利用途径多样化，以建材利用为主的格局被打破。近年来，高速公路及大型水利工程建设用灰量剧增，我国燃煤飞灰利用率大幅度提高。

5.3 飞灰残炭的分离技术

当今从飞灰中分离残炭的方法主要分两类：湿法和干法。

湿法分选以浮游分选为代表，浮选主要依赖物料表面物理化学性质的差异，即润湿性的不同而进行物料分离。物料的润湿性可通过浮选药剂的添加，如捕收剂和调整剂加以调整。飞灰未燃残炭表面具有天然疏水性，而飞灰的无机成分主要为硅铝质玻璃体，具有亲水性，这样就形成了浮游分选的基础。

干法分选则以电选为代表，即根据残炭和无机玻璃体表面电学性质（导电性）的差异，而将其分离。

5.3.1 浮游分选

目前高炭燃煤飞灰浮选工艺从煤炭一段浮选工艺发展而成。如甘肃白银公司动力厂原灰含炭量平均为 35% 左右。经浮选后含炭量降到 5% 以下[65]。实际应用过程具有工艺简单、生产成本低廉等优点。但因新鲜煤粒表面有有机油类化合物吸附，表现为强天然疏水性；而燃煤飞灰是在高达1500℃以上的温度下燃烧产生，其天然疏水性差。因此燃煤飞灰中炭粒不同于未经燃烧的煤。又因为一段浮选工艺中存在宽级别入料各因素相互干扰、在同一操作条件和药剂制度下，不能够达到优化配置。所以这种以煤用浮选工艺为基础的燃煤飞灰浮选工艺，有脱炭分离指标不理想、分选效率偏低的缺点。

但目前对于燃煤飞灰的浮选除炭技术只限制于传统浮选机分选工艺，理论上还不完善，而在实践上只有甘肃白银公司动力厂等少数几个分选厂，其效果不十分理想且生产成本高。而对于更适合微细颗粒分选的浮选柱工艺并未见在燃煤飞灰浮选除炭方面得到应用，有关这方面的报道还是空白。

浮选柱于20世纪60年代由加拿大人Pierre Boutin发明，其独特的结构和运动方式使得它具有投资及生产成本低，占地面积少，以及更适于微细微粒分选等众多优点，所以在60年代时就得到推广和应用，一开始就受到了许多国家选煤厂和选矿厂的青睐。随着对浮选柱研究的深入，以气泡发生器为突破口，开发出了一批各具特色的浮选柱，这些浮选柱从设备的可靠性到运行的稳定性都较早期的浮选柱大为提高。中国矿业大学针对开发出的双射流浮选柱引入了中矿循环环节，并运用水电模拟技术对流场分布的分析确定了合理的结构参数。双射流浮选柱对细微粒级物料分选效果尤佳，兼顾了浮选精度和产率，是一种达到了国际先进水平的浮游分选设备。

常规的浮选工艺流程（见图5-1）是将浮选入料经矿浆预处理器处理后送入浮选机，浮选机分选出的精矿利用圆盘真空过滤机过滤。该工艺较为复杂，尤其是真空过滤机还要配备真空泵、气水分离器、滤液泵、冷却水系统、软化水装置等设备，另外，该工艺一般需2~3层楼布置，土建费用较大。因此，该工艺的特点是：投资大，设备多，耗电量大，工艺复杂，维修量大，运行费用高。但由于该工艺在我国应用多年，积累了丰富的经验，是我国目前应用最广泛的浮选工艺。

浮选入料 → 矿浆处理器 → 浮选机 → 真空过滤机 → 精矿
浮选机 → 浮选尾矿 → 尾矿池

图 5-1 常规的浮选工艺流程

5.3.2 电选

电选是利用矿物在高压电场内导电性的差异而达到分选目的的一种干式选矿方法。早在 1880 年就有人在静电场中分选谷物，1908 年美国在威斯康辛建立了第一座利用静电场分选金属矿物（铅锌矿）选矿厂，当时，受技术条件限制，不仅分选效率低，而且处理能力小。直到 20 世纪 40 年代，随着科学技术的发展，特别是在电选中应用电晕带电的方法，才使矿物分选效率大大提高。在我国，于 1958 年从事选矿事业的研究部门才开始研究矿物的电选技术。并于 60 年代将此分选技术和设备用于金属矿选矿厂。

摩擦静电选煤的原理是通过强气体的夹带使颗粒充分分散后，与摩擦带电器的内部构件碰撞摩擦，同时颗粒相互间也发生碰撞摩擦，从而使物料中的有机质和矿物质颗粒分别带上极性相反的电荷。通常有机质颗粒带正电，矿物质颗粒带负电。然后带电颗粒群被引入高压电场中，有机质和矿物质颗粒因带电极性不同分别被吸附到极性相反的极板上，从而实现两者的分离，其分选原理如图 5-2 所示。图 5-3 是两极板上有机质和矿物质的沉积示意图。对于燃煤飞灰物料，无机玻璃体矿物质（硅铝质、铁质等）与残炭颗粒的荷电能力差异显著，是燃煤飞灰电选除炭的理论基础。

与湿法分选相比，干法的摩擦静电选在解决细粒煤的分选上具有过程简单、成本低、不存在脱水问题等优点，特别适宜细粒及微细粒分选。

当今世界上几种有代表性的电选有：

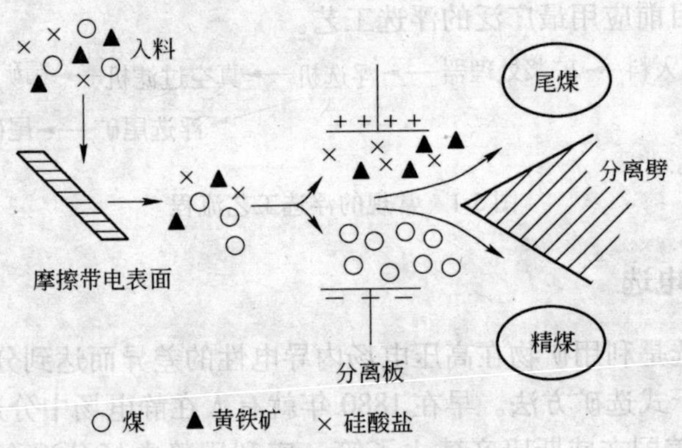

图5-2 摩擦电选原理示意图

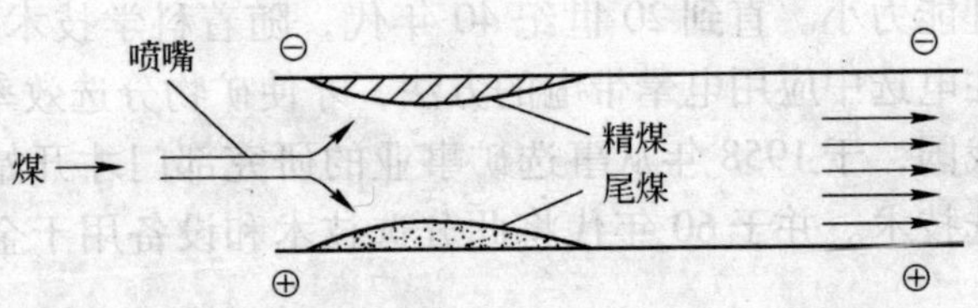

图5-3 分离板上有机质和矿物质的沉积示意图

（1）美国STI公司的带式摩擦电选机，其皮带运动速度无极可调3.048～18.288m/s之间，可对5～250μm的物料实现分离。该分选机处理能力较大（可达40t/h），分离效果显著。

（2）意大利转轮式电选机，由表面光滑并带有凹槽的不锈钢轮、一个带有不锈钢斜槽的振动给料机和活动的距离可调的电极和料仓构成。此设备目前处理能力较小，但处理物料粒径范围较传统的鼓筒式电选机大得多，一般在10～200μm之间，可使烧失量在20%左右的成品灰烧失量降低至5%以下。

（3）鼓筒式电选机，为传统的电选机，主要由给料系统、鼓式转筒、毛刷、电极、接料分隔板和传动系统构成。我国从20世纪70年代开始应用此类分选机分离燃煤飞灰残炭，但长时间一直未得到成功工业应用。其原因首先是此分选机对大于

50μm 的物料有效，而燃煤飞灰则大多小于该粒径值。其次是此分选机处理能力不大（3t/h 左右），不适于大量处理飞灰。最近由长沙矿冶研究院研制开发的 YD31200-21F 型高压鼓筒式电选机已有工业应用，处理能力为 2 ~ 4t/h[66]。

5.3.3 重力分选

重力分选历经几千年的发展，取得了突出的成就，尤其是它在成本、环保上的优势使得其在近 20 年来为选矿工作者更加重视。对微细粒而言，由于沉降速度下降，轻、重矿粒速度差减小，要在重力场进行微细矿粒分选，要么效率较低，要么极为困难甚至根本不可能，分选微细粒所要解决的关键问题是如何增加沉降速度，加大处理量，在离心力场内回收微细粒颗粒，可强化分选效果，提高分选效能。

微细粒在离心力场中的沉降规律可用斯托克斯公式计算沉降末速：

$$v_0 = \frac{d^2(\delta - \rho)}{18\mu}\omega^2 r \tag{5-1}$$

式中 v_0——沉降末速；

d——平均粒度，m；

ω——角速度，rad/s；

μ——矿浆黏度，Pa；

δ——颗粒密度，g/cm^3；

ρ——介质密度，g/cm^3；

r——颗粒的回转半径，cm。

颗粒沿径向进行某段距离所需时间，可按下述关系计算：

$$v_0 = \frac{\mathrm{d}r}{\mathrm{d}t} \tag{5-2}$$

$$t = \int_{\tau_1}^{\tau_2} \frac{\mathrm{d}r}{v_0} \tag{5-3}$$

式中 t——颗粒由半径 τ_1 处运动到 τ_2 处所需时间。

当处理微细粒级时，将斯托克斯公式代入式5-3中，得：

$$t = \frac{18\mu}{d(\delta - \rho)} \int_{\tau_1}^{\tau_2} \frac{dr}{\omega^2 r} \tag{5-4}$$

上式表明颗粒向器壁沉降的时间随 $\omega^2 r$ 的增大而缩短，因此，增大离心加速度可大大加速沉降过程[67]。

当今粉煤灰重选设备的主要发展趋势如下：

（1）多重力分选机（MGS）。我们知道离心选矿机对于分选微细粒物料有较好的效果，但由于其不能连续运转的缺点限制了进一步发展。里查德、莫兹利公司将离心选矿机和摇床的选矿原理结合起来研制成高处理能力的多重力分选机。MGS 可以看作是一个普通振动摇床的水平表面卷成圆筒并且使其沿轴线旋转，所以在水中的矿粒群通过鼓壁时，受到比普通重力大许多倍的力的推动，与传统摇床相比，这种方法使得回收非常细的矿粒成为可能。MGS 已于 1989 年在英国卡农联合惠尔简锡矿进行试验并获得成功，特别在超细粒回收包括代替浮选柱方面取得了满意的成果。MGS 以摇床作为基础，在此基础上取得了很大进展，但对于超细粒矿物而言，其分选效率偏低，尚需进一步完善。

（2）Knelson 选矿机。另一利用离心力的选别设备是 Knelson 选矿机。所有的 Knelson 选矿机基本上都包括一个锥形圆筒，筒内有一系列平行的“V”形格条，引起颗粒运动到格条底部的高达 60g 的离心力部分被喷入基床的静水压力所抵消而形成流态化床层。Knelson 选矿机的突出特点就在于它的压力水给入方式，使重矿物能在格条间富集，因而这种选矿机被形象地比作为一台干涉沉降分级机。Knelson 选矿机的主要缺点是只适用于分选贵金属矿，对于钨锡矿的细泥、铅锌矿等精矿产率高的有色金属矿的分选由于受其间断排矿及成本的限制而无法推广应用。

（3）微细粒离心跳汰机。跳汰选矿是一种古老的工艺，早期仅能用于处理粗颗粒的物料。近年来，澳大利亚的 Geologics 公司研制的 Kelsey 离心跳汰机应用强离心力加强对细粒级的富集，通过对跳汰机工作室设计的改进以及引入离心力场，使跳汰可处理的最小粒度大大降低。

5.4 双射流浮选柱的设计特点及配套流程

5.4.1 设计特点

在 Microcel 微泡浮选柱的基础上改进而成，主要用于煤炭浮选，特别适用于微细物料的分选。其结构示意见图 5-4。由初选区、主要靠二次富集作用的精选区、扫选区和复选区构成，其特点是：

(1) 可根据需要通过调节给矿量、排矿量及循环量，改变各区的高度以适应不同的需要，其中的复选区并不局限于漏斗区中，可以向扫选区扩展。

(2) 充气为双向充气，除保留了循环中矿从下部充气外，入料也带入微泡充气。这样入料中的精矿可以首先接触到新鲜气泡，有利于进一步提高精矿的质量和回收率。

(3) 为节省能源，气泡发生器采用二级液气射流泵型式，与 Microcel 微泡浮选柱相比，减少一套压缩供气系统。

(4) 与选矿用浮选柱不同，由于煤泥浮选的精矿量较大，不带循环的射流浮选柱，如 Jamson 浮选柱，其精煤回收率低，因此增加复选区。

(5) 将循环给入的中矿与向下回流的中矿隔开，分成复选区和循环区，使充气的中矿

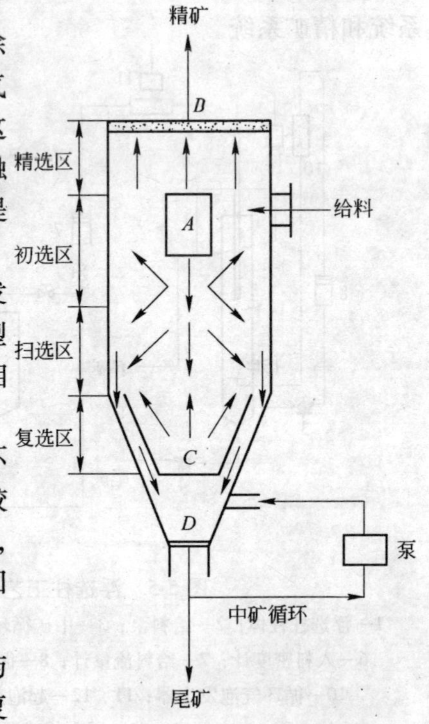

图 5-4 双射流浮选柱结构示意图

进入浮选柱后，先在复选区中向上流动，可使中矿有更多的机会与气泡接触得到再选。由于矿化气泡在此上升流中上浮速度恒大于此处水流上升速度，所以可大大减少进入循环区的无效气泡，提高浮选效率。

5.4.2 配套流程

该工艺采用直接浮选工艺，将浮选入料经搅拌池调浆后送入浮选柱进行分选，分选出的精矿利用厢式压滤机过滤。由于浮选柱固有的优点使得该工艺对入料的适应性、分选精度和产率都高于常规浮选机。

浮选柱工艺系统如图5-5所示，图中1为浮选柱的柱体，为一圆柱形结构，系统由四部分组成：入料系统、中矿循环、尾矿系统和精矿系统。

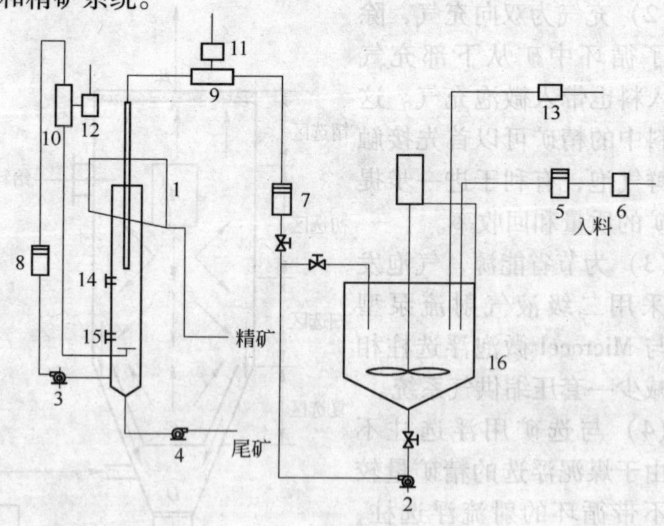

图5-5 浮选柱工艺系统组示意图

1—浮选柱柱体；2—给料泵；3—中矿循环泵；4—尾矿泵；5—入料流量计；6—入料密度计；7—给料流量计；8—循环流量计；9—入料气泡发生器；10—循环气泡发生器；11、12—起泡剂加药泵；13—捕收剂加药泵；14、15—压力传感器；16—搅拌桶

本系统除在中矿循环进行充气外，在入料系统也加入充气环节，这样有利于入料中的炭质颗粒首先接触并附着于新鲜气泡表面，并随气泡上升进入精矿区；其余颗粒随矿浆向下运动进入扫选区，在扫选区遇到中矿循环系统充入的大量气泡，其中大部分精矿颗粒会附着于气泡表面，并随气泡上升进入精矿区。尾矿则向下运动，最后由尾矿泵排出。

5.5 入料的物化性质

飞灰入料为山西晋城某电厂样品 XJ 和福建石狮某电厂样品 FS。共同特点是烧失量指标偏高（XJ 灰为 18% ~20%，FS 灰为 21% ~24%）。通过 ICP 分析，得其化学成分如表 5-5 所示。

表 5-5 试验用燃煤飞灰的化学组成及烧失量 （%）

组成	SiO_2	Al_2O_3	CaO	Fe_2O_3	MgO	SO_3	LOI
XJ	56.24	28.70	2.08	3.89	0.79	0.23	16.98
FS	43.18	39.98	3.84	2.44	0.34	0.77	24.74

粉煤灰的化学成分在经历高温氧化反应后，一般继承于煤中无机矿物化学成分。对于烟煤、无烟煤，其粉煤灰化学成分接近于黏土矿物，SiO_2 与 Al_2O_3 含量一般大于 85%，为低钙灰（美国 F 级灰）。而燃用褐煤或低变质烟煤的粉煤灰，CaO 含量较高（大于 10%），成为高钙灰（美国 C 级灰）。从表 5-1 中可见，研究电厂燃煤飞灰化学成分类似，主要成分为 SiO_2 与 Al_2O_3，CaO 含量小于 10%，为低钙灰。

通过小筛分试验和马弗炉燃烧法，测得 XJ 和 FS 灰各粒级烧失量含量如表 5-6 所示。XJ 灰小于 0.325mm 的产率达 28.7%。表明 XJ 灰粒度属中粗灰。而 FS 灰的总体粒度则细得多。参照国际 MT57 – 81 浮沉试验方法进行原灰浮沉组成试验，结果见表 5-7。一般认为浮沉试验结果是浮选试验可能达到的最好结果，从密度组成可以看出，对于 XJ 灰，炭含量 78.18% 的对应产率为 13.11%，即存在选出相当产率合格未燃尽炭的可能性（LOI 大于 80%）；而对于 FS 灰，炭含量 85.99% 的对应产率为 19.06%，其未燃尽炭的理论产率显著升高且质量指标高。另外 XJ 中间产物多，更说明其可选性较 FS 差。

表 5-6 各粒级产率及烧失量分布

粒级/mm		总粒级	小于 0.325	0.325 ~ 0.135	0.135 ~ 0.0572	0.0572 ~ 0.0286	大于 0.0286
XJ	产率/%	100	28.7	27.8	25.7	7.1	10.7
	烧失量/%	17.11	4.27	8.75	11.83	45.36	67.25
FS	产率/%	100	9.5	19.9	37.6	20.2	12.8
	烧失量/%	25.69	6.87	4.92	17.61	41.58	70.6

表 5-7 原料灰小浮沉试验结果

密度级	XJ				FS			
	产率/%	烧失量/%	累计产率/%	累计烧失量/%	产率/%	烧失量/%	累计产率/%	累计烧失量/%
1.3	5.11	90.79	5.11	90.79	9.31	96.87	9.31	96.87
1.3 ~ 1.4	4.06	82.86	9.17	87.28	5.97	89.66	15.28	94.05
1.4 ~ 1.5	3.94	57.01	13.11	78.18	1.87	67.23	17.15	91.13
1.5 ~ 1.6	3.97	42.25	17.08	69.83	1.91	39.82	19.06	85.99
1.6 ~ 1.8	7.31	26.95	24.39	56.98	6.75	23.57	25.81	69.66
1.8 ~ 2.0	42.22	6.01	66.61	24.67	35.9	11.53	61.71	35.84
2.0	33.39	3.23	100	17.51	38.29	6.12	100	24.46
合计	100	17.51			100	24.46		

5.6 残炭浮选柱的分离

5.6.1 浆料制备

王立刚等在 2003 年进行的浮选实验过程如下：在矿浆搅拌桶中备料，先加入给定量清水，并接通搅拌器电源进行搅拌，在此过程中加入预先计量好的飞灰样品，入料质量分数分别为 2.75%、5.43%、7.67% 和 12.79%。在搅拌过程中加入捕收剂——轻柴油，搅拌 5min 后，再加入起泡剂——仲辛醇。此时 FS 灰矿浆的初始 pH 值为 6.9。用 0.1mol/L HCl 和 5mol/L NaOH 调节矿浆的 pH 值分别为 3、4、5、6、7、8，并启动浮选柱入料泵及循环泵等浮选设备，使浮选柱系统开始分选。

5.6.2 浮选柱分选过程

双射流浮选柱的气泡发生器产生大量细小而弥散的气泡，气泡在矿浆中上升时，会碰撞并捕捉到浆料中的疏水颗粒（主要为未燃净残炭），并携带残炭颗粒上升至气液自由界面而形成矿化泡沫层。矿化泡沫层会随溢流进入精矿收集装置，分选后的尾矿则随底流进入尾矿泵。此研究所使用的双射流浮选柱的突出优点是具有独特的中矿循环装置，使难选矿物的分离效率得到显著提高。分选精矿和尾矿经真空过滤机过滤后，再经过烘干箱的105℃、48h 的干燥处理。随后对干燥样称量和化验烧失量（马弗炉燃烧法）。

因为浮选柱分选过程是物理化学过程，我们选择其中四个对残炭回收率有主要影响作用的因素：充气流量、飞灰类型、矿浆pH 值和捕收剂用量，进行系统试验分析，浮选柱系统的实验条件如表 5-8 所示。

表 5-8 浮选柱系统试验条件

浆料质量分数/%	2.75	5.43	7.67	12.79		
充气流量/$m^3 \cdot h^{-1}$	46.71	69.75	93.23	116.27	139.41	162.73
试验飞灰类型	FS 灰		XJ 灰			
pH 值	3	4	5	6	7	8
捕收剂（轻柴油）用量/g · t	0	800	1600	3200		

将计量好的入料燃煤飞灰加入搅拌筒中预搅 3min，加入浮选药剂后再搅拌 2min。开启循环泵进行浮选，待物料平衡后取样。通过试验，取液位略低（1600mm）以保证精矿烧失量。初始精矿泡沫出量较大且虚泡多，通过合理调整喷水，随后进入平稳状态。取循环量偏小（1.20m^3/h）以保证精矿质量。

5.6.3 结果分析

5.6.3.1 浆料质量分数的影响

在捕收剂用量为3200g/t，起泡剂用量为100g/t，充气流量为116.27m^3/h，pH值为6.9的浮选条件下对XJ灰进行3次浮选试验，测得浆料质量分数对精矿回收率的影响，如图5-6所示。可见当浆料质量分数低于7.67%时，精矿回收率随浆料质量分数的增长呈迅速增长趋势。超过此质量分数值，精矿回收率的增长幅度逐步放缓，并趋于定值。所以对本浮选系统，浆料质量分数的基础最佳值为7.67%。

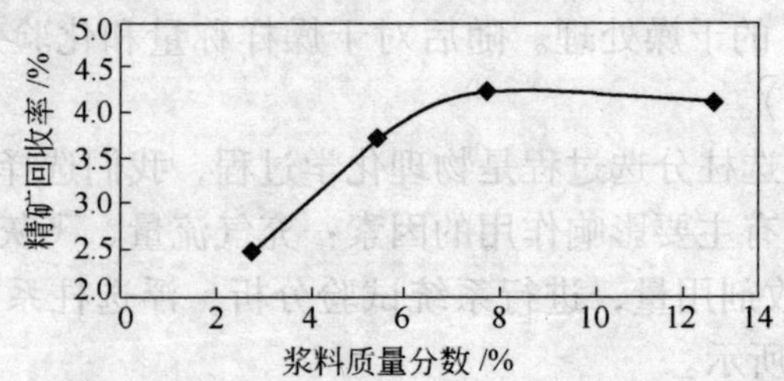

图5-6 浆料质量分数对精矿回收率的影响

5.6.3.2 充气流量的影响

在捕收剂用量为1600g/t，起泡剂用量为100g/t，浆料质量分数为7.67%，pH值为5.8的浮选条件下对XJ灰进行6次浮选试验，测得充气流量对残炭回收率的影响，如图5-7所示。残炭的回收率R_c由式5-5定义：

$$R_c = \frac{m_f \cdot C_f}{m_0 \cdot C_0} \times 100\% \qquad (5\text{-}5)$$

式中 R_c——残炭的回收率，%；

m_f和m_0——分别为泡沫精矿质量和浮选柱试验的飞灰用量；

C_f和C_0——分别为精矿中和飞灰中的残炭含量。

由图5-7可见，曲线明显存在一个峰值（充气流量为93.23m^3/h时），此处的残炭回收率即为最大回收率R_c =

70.72%。考虑到原灰相对低的残炭含量（$C_0 = 16.98\%$）和残炭较差的疏水性能（因为经历了高温的氧化过程），此试验结果比较理想。

本实验结果可用浮选柱浮选动力理论进行较好解释。Finch和Dobby[68]给出了通用浮选过程的数学模型：

$$R_c = 1 - \exp(-k_c t_p) \tag{5-6}$$

式中 k_c——捕收速率常数，s^{-1}；

t_p——颗粒在精选区（泡沫区下部）的停留时间，s。

可见，回收率 R_c 由捕收速率常数 k_c 决定，Finch 和 Dobby 给出捕收速率常数 k_c 和气体流速 J_g 的相关关系如式5-7：

$$k_c = 1.5 J_g E_k d_b^{-1} \tag{5-7}$$

式中 J_g——充气流量的单位通过量，$m \cdot s^{-1}$；

E_k——捕收率，即入料中被气泡所捕获并携带的比例；

d_b——气泡直径，m。

对于一个给定的浮选柱系统，从式5-7可知，气体流速 J_g 的升高会提高捕收速率常数 k_c，而 $E_k d_b{}^{-1}$ 项的降低会降低 k_c。基于 J_g 对 k_c 有影响的两个相互消长的因素分析，对于某特定浮选过程存在一个最佳气体流速值 J_g，并产生一个最大的捕收速率常数 k_c，即残炭的回收率 R_c 最大。正如图5-7所示，残炭的回收率在充气流量为 $93.23m^3/h$ 处有一个显著峰值，说明 Finch 和 Dobby 的浮选动力理论较好地吻合了王立刚2003年的实验结果，可作为本浮选过程的理论解释。同时也说明对残炭的浮选，浮选

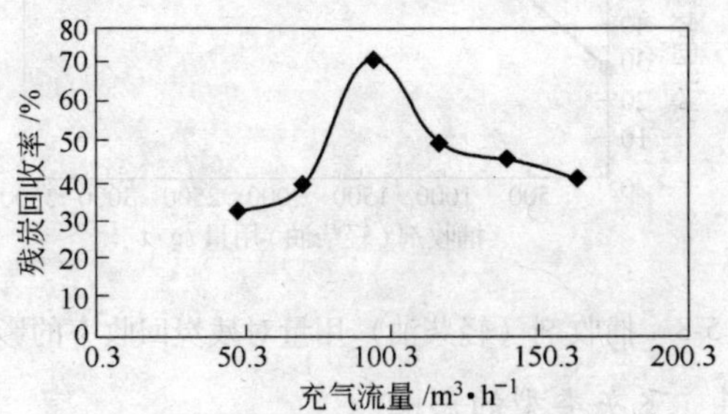

图5-7 充气流量对残炭回收率的影响

柱充气流量表现为显著影响因素。

5.6.3.3 捕收剂用量的影响

在 XJ 灰浆料质量分数为 7.67%，起泡剂为 100g/t，充气流量为 93.23m^3/h，pH 值为 5.8 的实验条件下，捕收剂用量的试验结果见图 5-8，不加轻柴油时，残炭回收率只有 27.42%。当轻柴油添加量增至 1600g/t 时，残炭回收率增至最大，为 66.52%。随轻柴油添加量进一步增加，残炭回收率又逐渐下降。在矿浆准备过程中，轻柴油会选择性覆盖于残炭表面而提高其疏水性。固体表面的疏水性可用 Zisman[69] 所定义的临界表面张力 γ_c 来描述，γ_c 越低则固体表面疏水性越强。对于水，其液/汽表面张力 γ_{lv} 为 72mN/m 时，只有 γ_c 小于 72mN/m 的固体可在浮选过程中从液相中浮起[70]，若固体 γ_c 与水的 γ_{lv} 相近时，则很难被浮起，表面氧化炭粒的平均 γ_c 值据报道为 67mN/m[71]。显然对于表面已经氧化的残炭颗粒，若不加任何添加剂，其浮选分离有一定难度。因为轻柴油的主要部分是疏水性碳氢化合物，其 γ_c 在 20～35mN/m 之间，当轻柴油覆盖在残炭颗粒的表面上会降低其 γ_c 值。即轻柴油的添加可提高残炭颗粒的疏水性，从而提高了残炭回收率（见图 5-8）。但当捕收剂用量超过 1600g/t 后，残炭回收率又呈下降趋势。这是因为过量的轻柴油会抵消部分起泡剂的发泡作用，从而使残炭回收率下降。

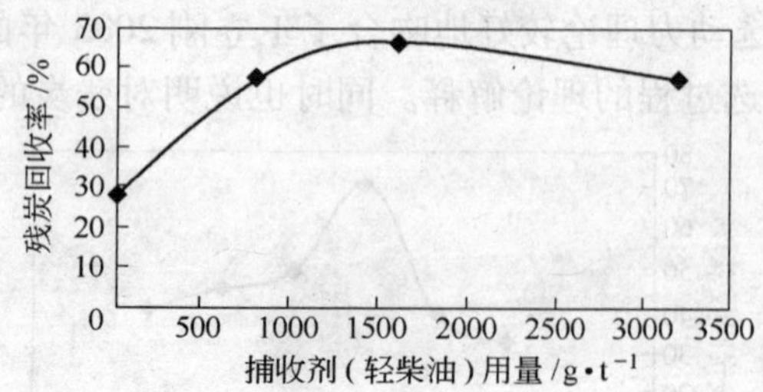

图 5-8 捕收剂（轻柴油）用量对残炭回收率的影响

5.6.3.4 飞灰类型的影响

在轻柴油为 3200g/t、起泡剂（仲辛醇）为 100g/t、充气流量为116.27m^3/h、pH值为6.9（无调整剂）的条件下，FS灰和XJ灰的试验结果如图5-9所示。其中XJ灰的残炭回收率明显低于FS灰，可能与不同残炭类型和可浮性有关。因为不同残炭类型来源于不同类型原煤，且经历了不同的热动力过程，表面氧化程度和表面化学性质亦不同。而且两种飞灰残炭的粒度有显著差别，由Finch和Dobby浮选模型可知，颗粒粒度d_c通过影响捕收率E_k而影响回收率R_c。一般认为气泡对残炭颗粒的捕收主要分为两个过程：（1）碰撞过程；（2）黏附过程。与气泡有效区域发生碰撞的颗粒比例用碰撞效率E_C来表示；对于所有经历与气泡碰撞的颗粒，一部分会随即脱落或在随后的气泡上升过程中受其他因素的影响而脱落，剩余部分则随气泡上升至液面而形成矿化泡沫层，这部分颗粒所占比例用黏附效率E_A来表示。所以颗

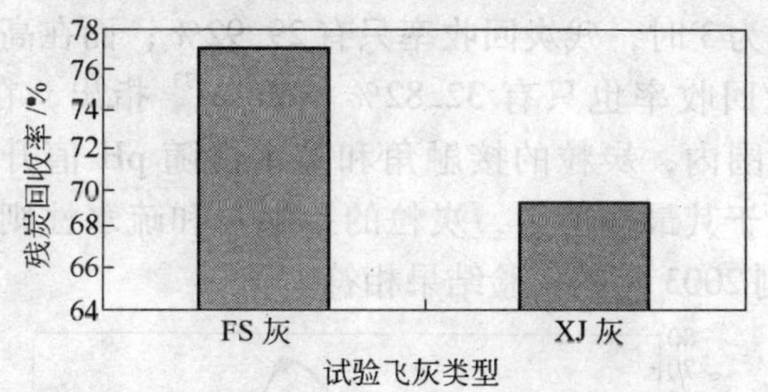

图5-9 不同类型飞灰的残炭回收率

粒总的捕收率E_k由式5-8表示：

$$E_k = E_C E_A \tag{5-8}$$

颗粒粒度d_p对碰撞效率E_C和黏附效率E_A有相反的影响作用，即d_p升高会增加E_C，而降低E_A。因此对于一个给定浮选系统，理论上有一个最佳粒度值，使E_k最大，此时残炭的回收率也最大。而一个给定浮选系统的最佳粒度范围可通过调节充气流量等因素进行调整，以适应不同入料特性的要求，所以对于工业化的浮选柱系统具有良好的实际意义。

5.6.3.5 浆料pH值的影响

浆料pH值对残炭回收率的影响作用如图5-10所示。实验条

件为：XJ 灰、浆料质量分数为 7.67%，轻柴油为 1600g/t，起泡剂（仲辛醇）为 100g/t，充气流量 93.23m^3/h。可以看出浆料 pH 值也是一种关键的浮选参数。通过调节 pH 值可以改变残炭表面的物理化学性质，从而影响其回收率。在合适的 pH 值条件下，pH 调整剂能提供出合适数量的水合氢离子或羟基离子，可与残炭颗粒表面的极性官能团，如氧化羟基（—COOH）、羟基（—OH）、羰基（—CO）和乙酰甲胆碱（—OCH_3）反应，使其无极性化。因为捕收剂（轻柴油）为无极性物质，所以更易吸附在无极性的残炭表面，从而提高残炭回收率[72]。从图 5-10 可见，在 pH 值为 5.63 时，残炭回收率最大，为 61.7%。若 pH 值太低或太高，均会产生过量的水合氢离子或羟基离子，并吸附反应在残炭表面，降低残炭表面的疏水性，从而降低其回收率。在低端 pH 值为 3 时，残炭回收率只有 29.92%；而在高端 pH 值为 8 时，残炭回收率也只有 32.82%。Musa[73] 指出，在低于最佳 pH 值的范围内，炭粒的接触角和疏水性随 pH 值升高而提高；当 pH 值大于其最佳值后，炭粒的接触角和疏水性则随之下降，这与王立刚 2003 年的实验结果相符。

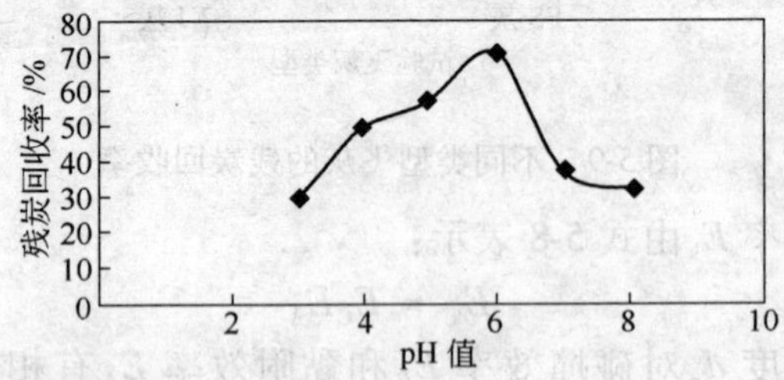

图 5-10　pH 值对残炭回收率的影响

5.7　结论

在王立刚等所进行的浮选实验中，浮选柱技术被首次应用来分离燃煤飞灰中未燃净残炭，双射流浮选柱对飞灰残炭有良好的分选效果。对于本飞灰入料，适宜的浮选柱分选基本条件为：浆料质量分数 7.67%、充气流量 93.23m^3/h、轻柴油 1600g/t、起泡剂（仲辛醇）100g/t、pH 值为 5.63。其残炭回收率可达 71.02%。表明双射流浮选柱可有效脱除飞灰残炭，其入料适应性好、分选精度和产率均高于常规浮选机。浮选柱本身的结构更适合于粉煤灰这样微细颗粒的分选除炭，其分选效率和工艺成本均优于传统的浮选机工艺流程。随着在实践中的进一步完善，如改造气泡发生器使气泡更加弥散以适应粉煤灰微细颗粒和增加与气泡的碰撞几率等，会得到更广泛的推广应用。

6 飞灰汞分布及残炭物化性质

在煤燃烧过程的高温作用下，燃煤中绝大部分汞会伴随其他挥发性微量元素以气相形式释放出来。当燃煤烟气逐渐冷却后，其中部分汞通过物理及化学吸附作用附着于飞灰组分颗粒表面，而其余汞则仍以气相形态存在。

本章所涉及的残炭基本性质包括其粒度分布、化学组成和微晶结构。首先，残炭的基本特性决定了其潜在应用价值。其次，一些污染控制设施的工艺设计，如残炭喷入吸附装置的工艺及结构设计，有赖于相关的残炭特征信息。最后，对残炭化学组成和结构特征的全面了解亦有利于对其吸附行为的解释。所以本章着重讨论残炭在气相吸附方面的重要性质。

本章分析了三种未燃残炭和对照商业活性炭的基本性质，包括 FS、XJ 和 HXT。飞灰残炭的分离富集过程在第 5 章中已有陈述。

6.1 飞灰来源和分析方法

本研究燃煤飞灰样品来自两个电厂：福建石狮某电厂飞灰（FS 样）和山西晋城某电厂飞灰（XJ 样）。其残炭样品由浮选分离。各分离组分在 105℃下干燥。

样品的消解及测定采用微波消解法，将 0.5g 的灰样（误差小于 0.0001g）混合 3mL 浓盐酸，3mL 浓氢氟酸，3mL 浓硝酸，置于微波消解罐中将其密封，放入微波加速反应器中，缓慢加热至 344828Pa，保持 5min，然后再加热至 551724Pa，保持 20min 后冷却至室温。在消解罐中加入 15mL 4% 硼酸，将消解罐密封，缓慢加热至 344828Pa，保持 10min，冷却至室温，将样品移入 50mL 的容量瓶中定容。消解后得到的样品溶液均采用 SYGI 型冷蒸气原子荧光光谱仪（CVAFS）进行汞的测定，该仪器对汞的检出限为10^{-11}g/mL。

6.2 飞灰各组分的汞分布

汞在原状灰中的质量分数范围为$9\times10^{-7}\%\sim545\times10^{-7}\%$，变化幅度很大。一般认为，飞灰的汞含量同燃料煤性质（煤阶、汞含量）、燃烧工况和污染控制系统等有关。各飞灰样品不同组分的汞含量分布见表6-1。可见汞在各飞灰残炭组分中显著富集。飞灰中的汞有87%~95%分布在精矿（残炭组分）中，只有0.65%~2.54%的汞分布于尾矿（硅质成分）中。说明通过从飞灰中分离残炭组分，就可以简单有效地脱除飞灰中的绝大部分汞污染物，这是目前工艺上最简单易行的除汞方法。同样也表明残炭对于燃煤烟气汞脱除不失为一种良好的吸附剂。

表6-1 飞灰组分的汞含量分布 （%）

飞灰来源	原状灰	残 炭	尾 灰	富集程度（残炭/原状灰）	富集程度（残炭/尾灰）
XJ	0.131×10^{-4}	0.93×10^{-4}	0.037×10^{-4}	7.1×10^{-4}	25.14×10^{-4}
FS	0.197×10^{-4}	1.066×10^{-4}	0.026×10^{-4}	5.41×10^{-4}	41×10^{-4}

注：其中残炭和尾灰产品分别为双射流浮选柱分选的精矿和尾矿。

6.3 残炭粒径分布

吸附剂粒度分布是吸附过程设计的重要参数，例如固定床吸附剂的粒度要求相对较粗，而细颗粒则更适用于流化床吸附塔。若将飞灰残炭应用于吸附塔，则其粒度分布会对吸附塔的设计及运行参数有重要影响。

粒度分布采用激光粒度分析仪测定。XJ和FS残炭的粒度分布分别见图6-1和图6-2，可见大部分残炭分布于20~100μm之间，平均粒径为50~60μm。根据活性炭分离标准，此残炭属于粉末吸附剂，可以直接应用于吸附剂喷入系统。

作为对比，对应飞灰和某商业活性炭的粒度分布指标如图

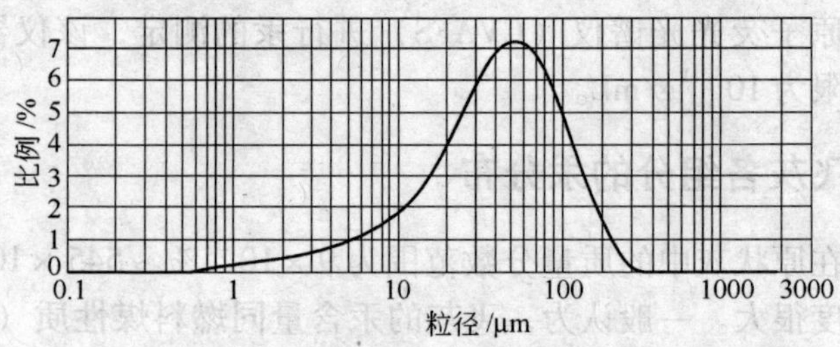

图 6-1 XJ 残炭的粒度分布

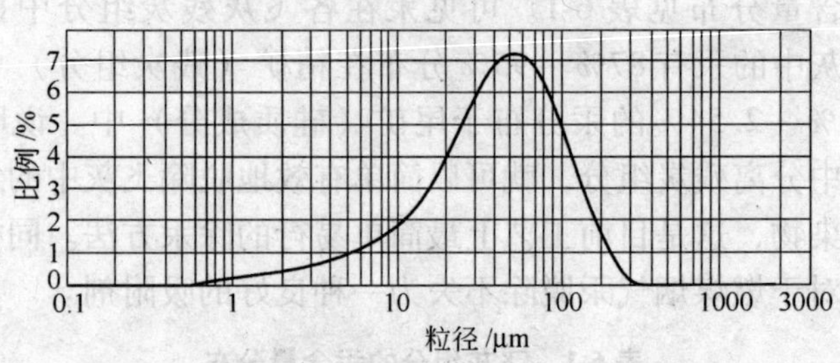

图 6-2 FS 残炭的粒度分布

6-3、图 6-4 所示。

可见除活性炭样品外，残炭和飞灰样品的粒度分布大致呈现为对称的高斯曲线分布。对应飞灰的粒度分布范围宽（大部分颗粒粒径在 1～100μm 之间），而且平均粒径细（22.031μm）；商业活性炭粒度分布更宽一些（特别在高端部分可达 120μm），而残炭粒度分布明显变窄，粒度偏粗，大多数颗粒落入 20～120μm 之间。根据每种残炭的粒度分布，其平均粒度用质量-重

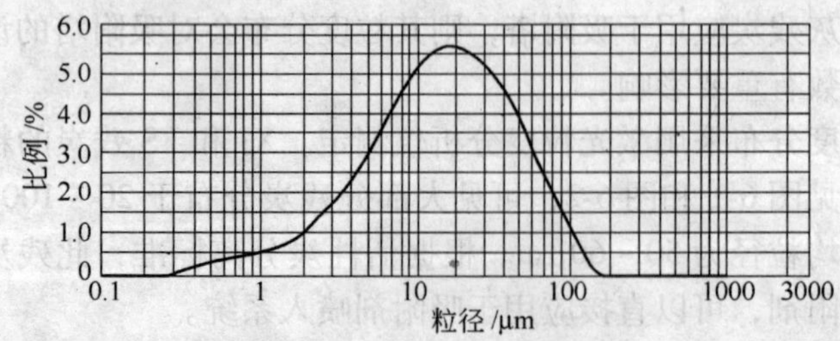

图 6-3 XJ 飞灰的粒度分布

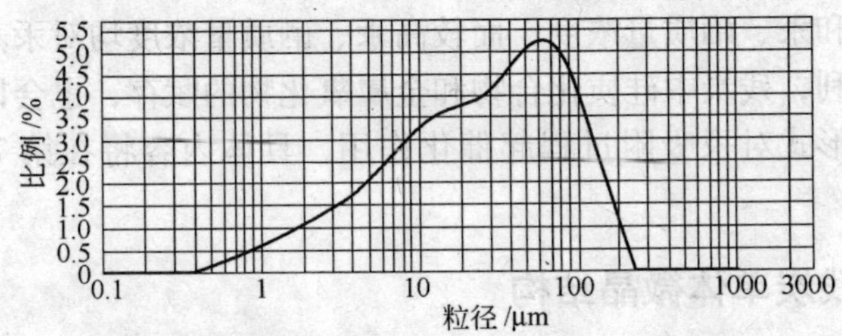

图6-4 商业活性炭（HXT）的粒度分布

量法估计，FS 残炭的平均粒径为 63.038μm，XJ 残炭的平均粒径为 52.031μm。一般认为残炭的粒度分布受燃料煤和燃烧工况的控制。

6.4 残炭化学组成

飞灰残炭化学组成列于表 6-2。残炭 LOI 值为 70% ~81%，高于碳元素含量，这是因为残炭杂质含量较高。残炭中主要无机成分为硅质和铝质成分，硫含量在 0.5% ~0.8%。

残炭微量元素丰度列于表 6-3，可见汞、硒明显富集于残炭产品中。这可归结于炭质对燃烧所产生的汞、硒蒸气的亲和性。

表 6-2 残炭产品的化学成分（质量分数） （%）

化学成分	SiO_2	Al_2O_3	Fe_2O_3	MgO	Na_2O	K_2O	TiO_2	LOI
FS 残炭	15.23	6.31	0.79	0.32	0	0.23	0.39	80.2
XJ 残炭	20.17	4.01	0.93	0.69	0.57	0	0.27	69.7

表 6-3 飞灰残炭微量元素丰度 （%）

元素	B	Ba	Be	Se	Co	Cu	Hg	Y	Zn
FS 残炭	215.2×10^{-4}	45.3×10^{-4}	11.2×10^{-4}	2947×10^{-4}	21.9×10^{-4}	18.5×10^{-4}	0.985×10^{-4}	197.3×10^{-4}	11.83×10^{-4}
XJ 残炭	380.7×10^{-4}	36.97×10^{-4}	7.63×10^{-4}	391×10^{-4}	14.28×10^{-4}	12.9×10^{-4}	0.379×10^{-4}	125.9×10^{-4}	9.68×10^{-4}

燃料煤煤种特性、燃烧工况和空气污染控制装备运行情况直接控制残炭的化学组成。与活性炭不同，飞灰残炭具有较高无机

质含量和汞、硒质量浓度，而较高汞、硒质量浓度均对汞蒸气的吸附有利，残炭中硅质化合物和金属氧化物的赋存，也会以活性点位的形式对汞吸附过程起催化作用，具体内容将在第 7 章中涉及。

6.5 残炭单体微晶结构

一般认为吸附剂的吸附行为同其化学组成和结构特征密切相关。炭具有广泛的同素异形体：金刚石、石墨、无定形炭及多种人工炭素制品，其中活性炭、木炭、炭黑和飞灰残炭均属于无定形碳，其机构性能或多或少类似于石墨晶体。

Franklin，Nightingale，Smiek 和 Cermy 等学者均对活性炭、炭黑等炭质材料的单体微晶结构有详尽研究，发现炭质材料的石墨化程度同其吸附焓有关。飞灰中未燃残炭由煤经高温燃烧形成，其经历过程与活性炭和炭黑产品的制造有相似之处。因此，其单体微晶结构及排列分布也有类似性。

在石墨晶体中，碳原子以 sp^2 杂化轨道和邻近的 3 个碳原子成键，构成平面六角网状结构，由这些网状结构连成层状结构。层中 C-C 之间的距离为 141.5pm，每个碳原子有一个未参加杂化的轨道 p，并有一个 p 电子，因此同层中这些 p 电子可以形成离域 π 键，这些 pπ 电子可以在整个碳原子平面内活动。层与层之间以分子间作用力相结合，层之间的距离是 335.4pm。石墨的性质与其结构密切相关，如石墨呈灰黑色，密度比金刚石小，质软并具有润滑性，在层向具有良好的导电性和导热性。石墨的层状结构如图 6-5 所示。

相比之下，不同层面碳原子的作用力则弱得多，主要以范德华力（Van der Waals forces）为主。因此，石墨基层比边缘处的吸附行为更具差异性。

活性炭晶体结构比石墨的有序性差。Riley 基于 X 射线衍射分析，提出活性炭存在两种结构。第一种结构由单体微晶组成，微晶具有类似于石墨晶体的二维结构，即由平面六角网状层面组

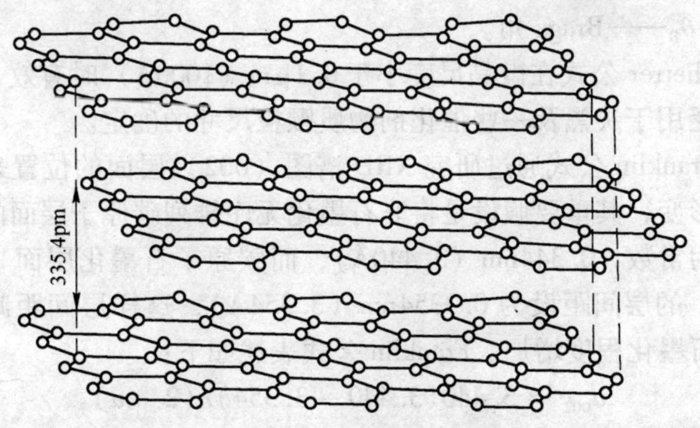

图6-5 石墨的晶体结构

成。但层面的排列在角度和间距上均不规则，Bisco 和 Warren 称之为“turbostatic”结构。据估计微晶由大约三层平行石墨层面构成。第二种活性炭结构由杂乱的、在空间上相互交叉排列的碳原子六角晶格构成。此结构借助异质原子取得稳定，如氧原子。实际上很多活性炭同时具有上述两种结构。

Franklin 通过 X 射线精细解析，得出活性炭两种结构的比例同前驱体的经历温度有关。一般来讲，温度越高，结晶度就越高。对于由聚偏二乙烯氯化物热解而制得的 PVDC 炭，如在1000℃时，65%的碳原子以石墨层面的形态排列，而其余部分则高度无序。

理论上，微晶尺寸可由基于 X 射线衍射分析（XRD）的 Sherrer 和 Franklin 公式估计，Sherrer 公式基于对 XRD 谱图衍射峰峰宽的分析，峰宽同微晶尺寸有关。Sherrer 公式的一般表述如下：

$$t = \frac{0.9\lambda}{B\cos\theta_B} \tag{6-1}$$

式中 B——衍射峰最大强度 1/2 处的峰宽；

t——微晶直径；

λ——入射 X 线波长；

θ_B——Bragg 角。

Sherrer 公式在微晶尺度小于 0.1μm（1000Å）时有效，此方法广泛用于炭黑及一些催化剂物质颗粒尺寸的确定。

Franklin 公式通过研究 XRD 谱图（002）层面的位置来估计空间形变，其重要假设是将非石墨化无序排列碳原子层面的层间距设为常数，0.344nm（3.440Å），而碳原子石墨化层面（有序排列）的层间距设为 0.3354nm（3.354Å），这样层间距减少会伴随石墨化程度增加。Franklin 公式表述如下：

$$d_{002} = 3.440(3.440 - 3.354)u(2 - u) \tag{6-2}$$

或

$$d_{002} = 3.440 - 0.086(1 - p^2) \tag{6-3}$$

式中 d_{002}——通过 XRD 测得的层间距，对于无序排列结构，$d_{002}=0.344\text{nm}$（3.440Å），对于有序排列结构，$d_{002}=0.3354\text{nm}$（3.354Å）；

u——石墨化程度，$p = 1 - u$，当 $u = 1$ 时，则炭质为石墨，当 $u = 0$ 时，炭质为非晶态。Kwiencinska（1980）用此对应关系研究了自然石墨晶体，而 Li（1985）用此式研究了钼矿中的含碳物质。

这里运用 XRD 研究了飞灰中未燃残炭 FS、XJ 的单体微晶结构，同时分析商业活性炭（HXT）和石墨晶体的微晶结构作为对比数据，主要从两方面分析炭质的 XRD 数据：（1）将炭质 XRD 谱图同标准石墨谱图相对照，以确定炭样中石墨晶体的存在。（2）着重分析主峰（002）层面的定位及峰宽以估计炭样的结晶程度，计算公式采用 Sherrer 和 Franklin 公式。石墨、FS、XJ 残炭和活性炭的 XRD 谱图分别如图 6-6 ~ 图 6-9 所示，FS 原状灰的 XRD 谱图如图 6-10 所示。

可见，炭样的 XRD 谱图与标准石墨晶谱图有重叠峰，FS、XJ、HXT 石墨和炭黑在 2θ 为 26.5°、44.6°和 64.3°处分别有峰值。其中 2θ 为 26.5°和 44.6°分别对应于石墨的 d_{002} 和 d_{101} 层面。除石墨外，各样品的其余衍射峰与炭结构无关，主要与炭样中晶

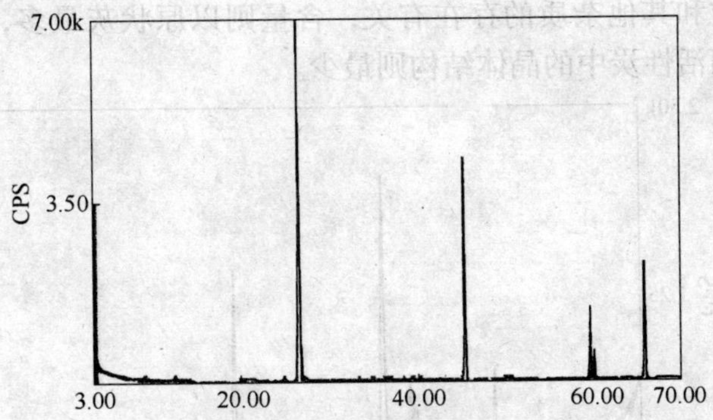

图 6-6 石墨的 XRD 谱图

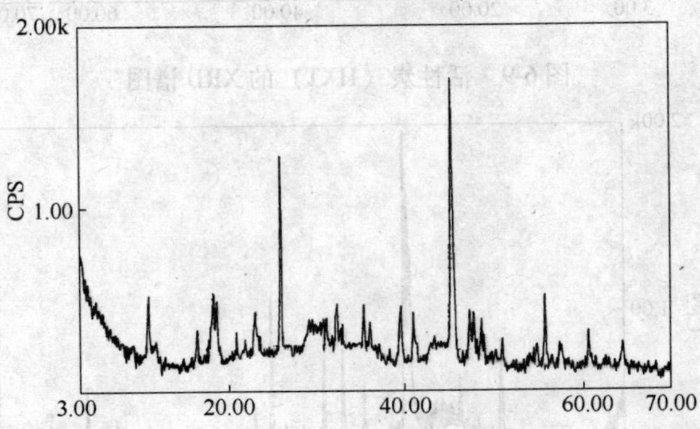

图 6-7 FS 残炭的 XRD 谱图

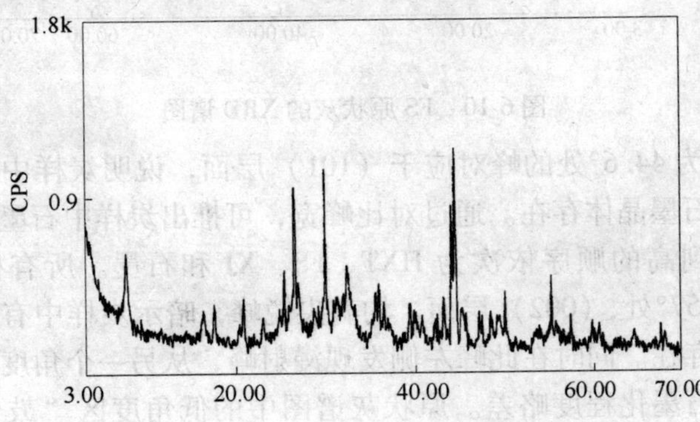

图 6-8 XJ 残炭的 XRD 谱图

体颗粒和其他杂质的存在有关，含量则以原状灰最多，残炭次之，而活性炭中的晶体结构则最少。

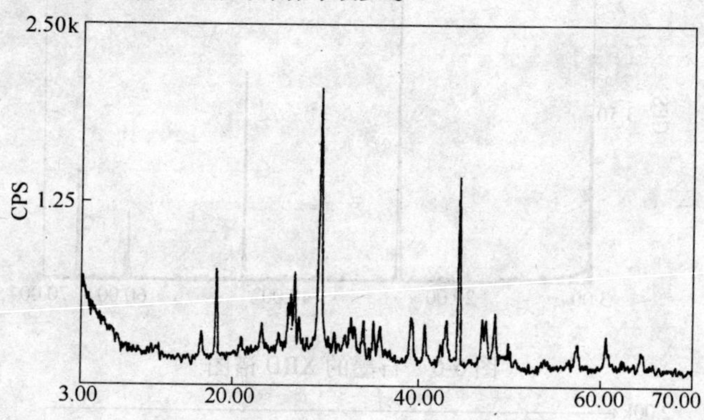

图 6-9 活性炭（HXT）的 XRD 谱图

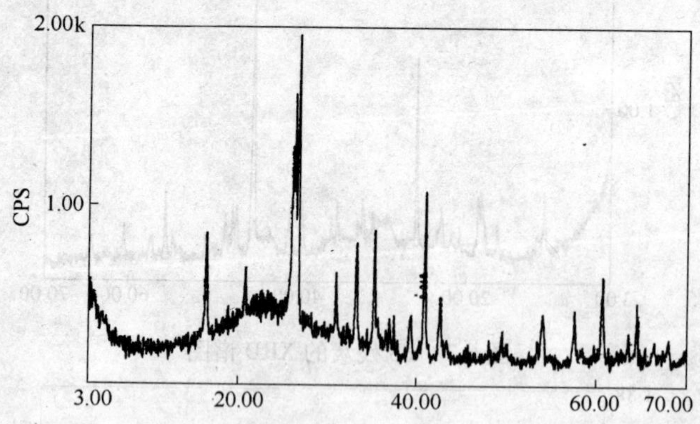

图 6-10 FS 原状灰的 XRD 谱图

2θ 为 44.6°处的峰对应于（101）层面，说明炭样中至少有准三维石墨晶体存在。通过对比峰宽，可推出炭样中石墨结晶程度由低到高的顺序依次为 HXT、FS、XJ 和石墨。所有样品在 $2\theta=26.57°$处，（002）层面，均有尖锐峰，暗示炭样中有完备石墨晶体存在。同时在此峰左侧发现漫射峰，从另一个角度说明样品中的石墨化程度略差。原状灰谱图中的低角度区“鼓包”特征则暗示出有较多玻璃体的存在。

总之，活性炭石墨化程度低于残炭，我们知道石墨化程度低的炭质具有多类型晶体结构，即石墨化程度越低，单晶尺寸越小。石墨是各向异性晶体，不同晶格层面显示出相异的化学和物理特性，所以对于气相分子的吸附行为来讲，某些点位的活性高于其他点位，在第7章中将涉及，而活性炭和残炭等炭质材料被无规则排列的微晶所填充，所以比同尺寸完备石墨晶体具有更多的活性点位。本节并未考虑炭质的多孔结构和比表面积因素。单体微晶结构与炭质来源有直接关系，活性炭的制造经历了炭化和活化两个过程，而未燃尽残炭则直接从煤燃烧过程中产生，经历了一定的氧化过程，从而加强了残炭的石墨化程度。

6.6 残炭微观形态

6.6.1 原状灰微观形貌观察

XJ飞灰全貌如图6-11所示，主要由玻璃微珠构成，粒度不超过100μm，离散度较大，球壁表面光滑，表明为硅铝玻璃体。XJ飞灰的成珠率较高。而FS飞灰以不规则颗粒为主，主要由不规则颗粒组成，熔融迹象不明显。兼有玻璃微珠存在，其玻璃体多为不规则多孔状，表面有气泡分布，因流化床炉温低，所以球形成形度低，反映出流化床锅炉内燃烧区温度不足的现象。

6.6.2 残炭微观形貌观察

FS未燃尽炭粒全貌见图6-12，外形不规整，粒径从20～100μm，空心炭有强烈的塑性流动标志。多孔炭粒孔隙度发达，多为贯穿孔，在宏观孔结构上与活性炭类似。

6.6.2.1 结构描述

微观形貌呈现不规则多孔状，除密实炭外，其余具有发达的孔隙结构，根据能谱分析可证实其以有机成分为主。残炭可进一步分为三种主要类型：

（1）多孔炭。此类残炭最为常见，外形多呈不规则状。内部孔隙丰富，粒径为50～200μm。气孔呈圆形或定向排列的长

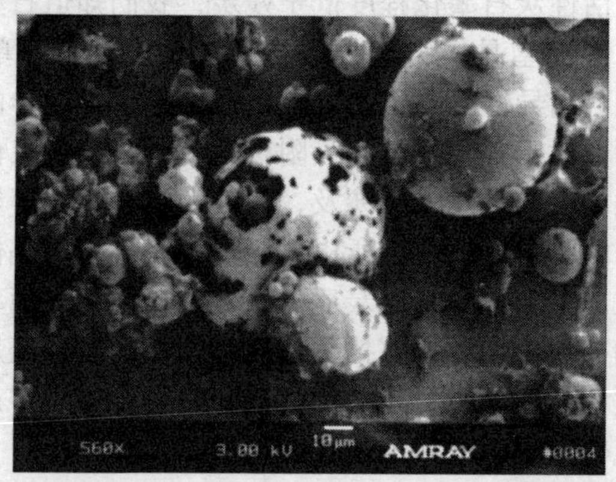

a

b

图 6-11 所研究烟煤飞灰全貌

a—XJ 燃煤飞灰全貌；*b*—FS 电厂燃煤飞灰全貌

条形。在高倍下可见到气孔及炭基质表面分布的细小灰球。

（2）空心炭。此类残炭的典型特征是内部含大气孔，外部由多孔状炭壁包裹，炭壁上有大小不一的气孔，呈圆形或椭圆形，具有强烈的塑性流动标志。颗粒外形呈浑圆形，也有少数呈现不规则状，粒径一般为 100～300μm。

（3）密实炭。比较容易识别，其内部裂隙发育，龟裂纹理

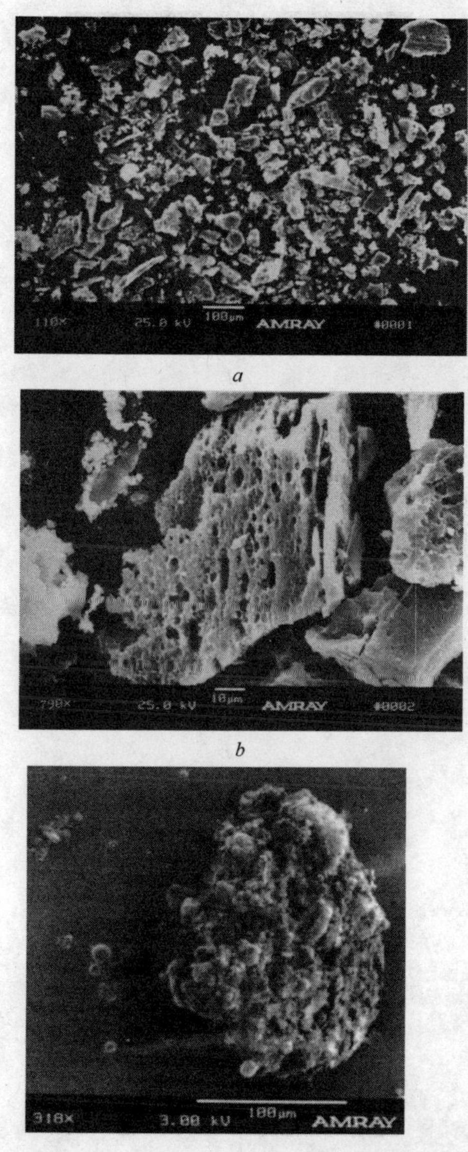

图 6-12 未燃尽炭粒的显微结构特征（一）

a—FS 飞灰精选炭粒全貌；*b*—FS 精炭的贯穿孔结构；*c*—多孔炭，XJ 精炭，SEI

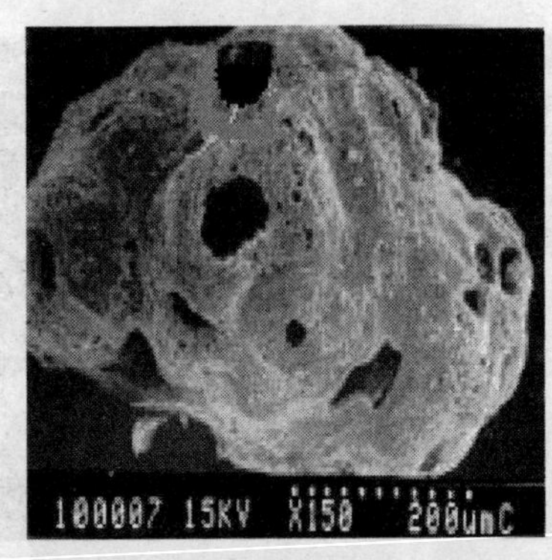

d

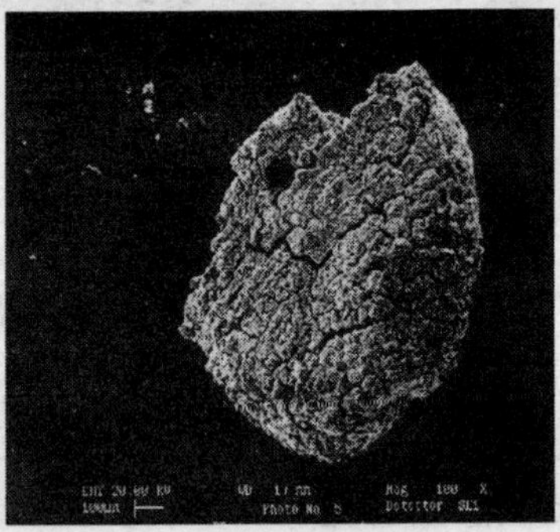

e

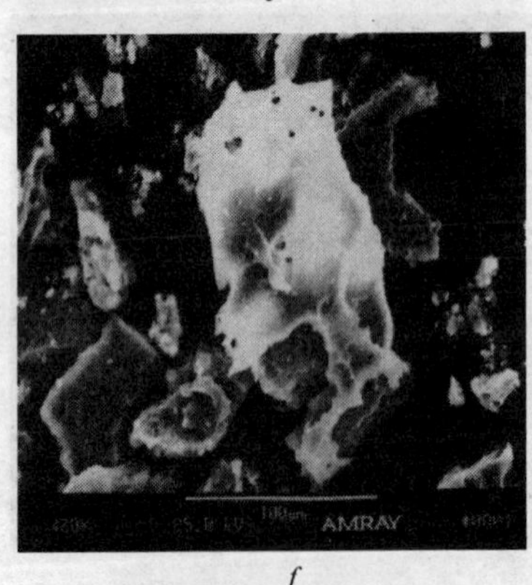

f

图 6-12　未燃尽炭粒的显微结构特征（二）

d—空心炭，FS 精炭，SEI；*e*—密实炭，XJ 精炭，SEI；*f*—密实炭，XJ 精炭，SEI

明显且结构致密，特别是气孔不发育，粒径一般 50 ~ 300μm。呈碎屑状或长条形，高倍下可见表面附着细小灰球。

可见残炭具有多孔疏松结构和不规则外形，其孔结构以大孔为主，孔径范围为 1 ~ 10μm，残炭的这种多孔结构和巨大比表面积，表明其可作为潜在的廉价吸附剂来源或作为活性炭的前驱体。从图中可观察到部分残炭被微细玻璃微珠所污染的现象，而有些却被残炭的孔洞所捕获。这些玻璃微珠的主要成分为各种金属氧化物，会在残炭对汞的吸附过程中起到催化作用，具体内容将在第 7 章中涉及。

6.6.2.2 分析

煤粉燃烧时，在锅炉中滞留的时间很短（1 ~ 2s），不可能完全燃烧，有少部分残留在灰中。从表 6-4 可以看出，即使煤粉燃烧效率较高，粉煤灰中未燃炭仍很难降到 3% 以下。近年来，低温燃烧器的采用导致了飞灰中未燃炭含量的进一步增高。

表 6-4 燃煤飞灰中未燃炭与煤粉燃烧效率及煤中矿物含量的关系（%）

煤中矿物质	炭燃烧程度	灰中残炭含量
10	99	8.3
10	97	21.2
20	99	3.8
20	97	10.7

6.7 残炭比表面积及孔径/体积分布

吸附剂比表面积和孔径分布同其单晶结构相关，而且碳原子排列的无序程度直接影响炭质的吸附反应性。碳原子在空间上交叉偶合形成非晶态，通常具有不成对电子，其反应性一般高于有序晶态排列。而晶态表面碳原子的反应性同其分布有关，由于三角键联的缺损，使得边缘原子的反应性高于基体原子。因此，比表面积、孔径分布以及表面异质成分是炭质吸附剂的最重要的性质。采用 ASAP 2010 型 BET 全自动物理/化学氮吸附分析仪（美国 Micromeritics 公司生产）研究 XJ 炭 BET 比表面积和孔径分布，并与商业活性炭 HXT 和 XJ 飞灰的测定结果进行对比。

根据国际理论与应用化学联合会（IVPAC）提出的分类方案[74]，多孔介质空隙按其孔径可分为大孔（大于 5000nm）、过渡孔（5000 ~ 200nm）和微孔（小于 200nm）。最近，Sennel[75] 在此基础上提出了亚微孔（小于 80nm）的概念。

XJ 炭、FS 炭、XJ 飞灰和对比活性炭 HXT 的吸附等温线分别如图 6-13 ~ 图 6-16 所示。其中 HXT 吸附等温线在 P/P_0 小于 10^{-5} 时出现反常“回缩”，据分析这是活性炭过细孔径微孔中的“氦污染”现象所引起。

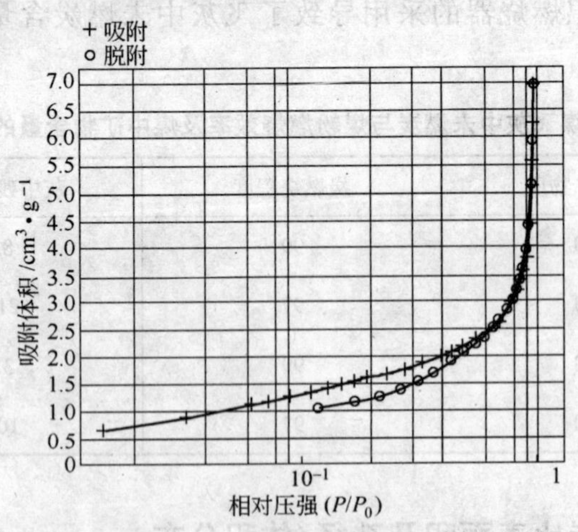

图 6-13　XJ 残炭吸附等温线

BJH 曲线能较好地反映吸附剂过渡孔、大孔和部分微孔的分布情况，XJ 炭、FS 炭、XJ 飞灰和对比活性炭 HXT 的 BJHdV/dlog（D）曲线分别如图 6-17 ~ 图 6-20 所示。

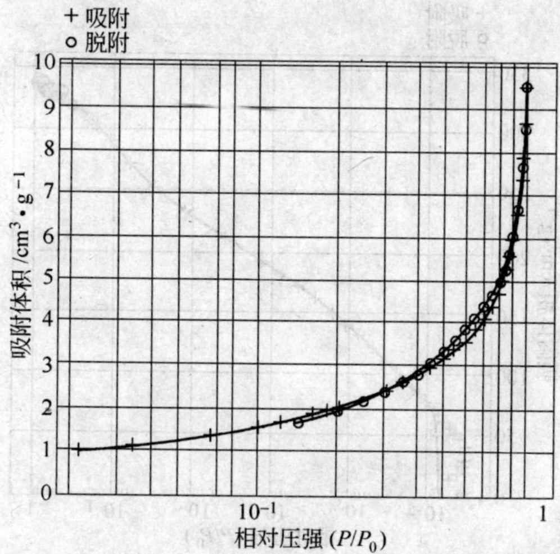

图 6-14 FS 残炭吸附等温线

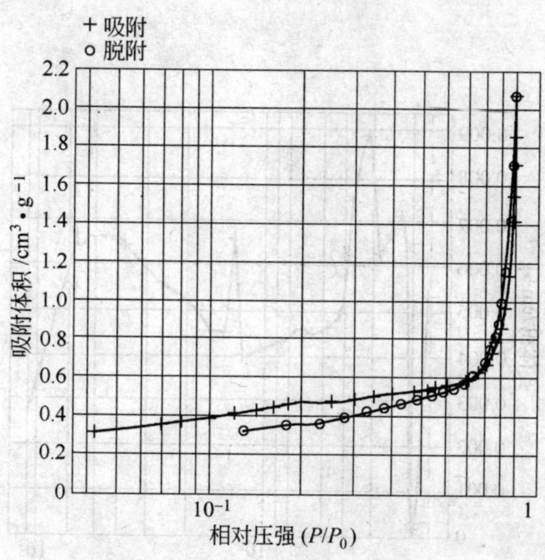

图 6-15 XJ 飞灰吸附等温线

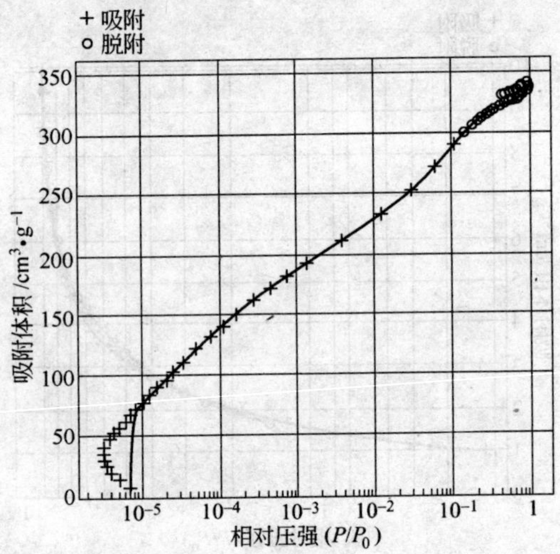

图 6-16　对比活性炭吸附等温线

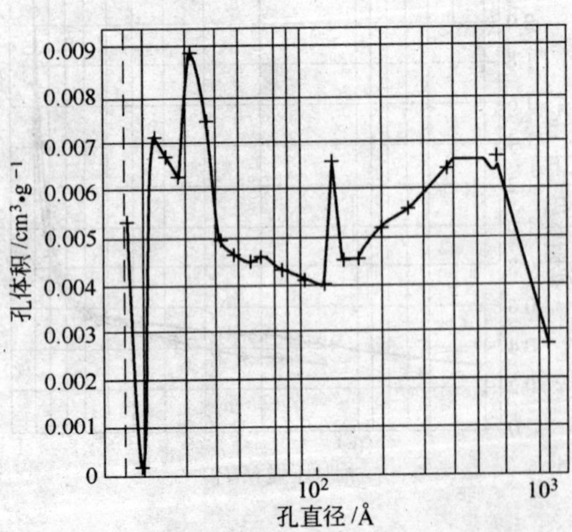

图 6-17　XJ 残炭 BJH dV/dlog（D）曲线

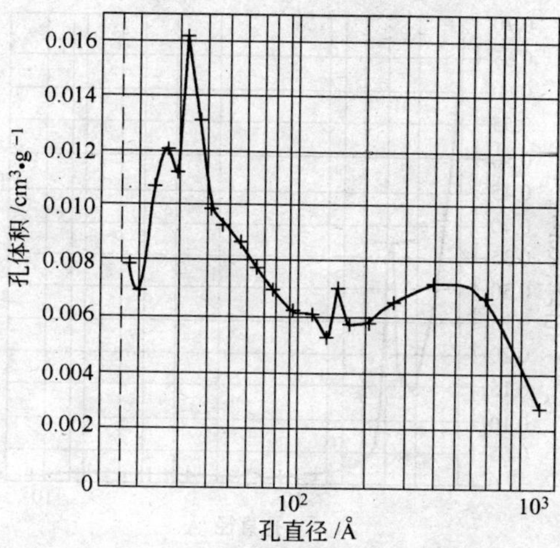

图 6-18　FS 残炭 BJH dV/dlog（D）曲线

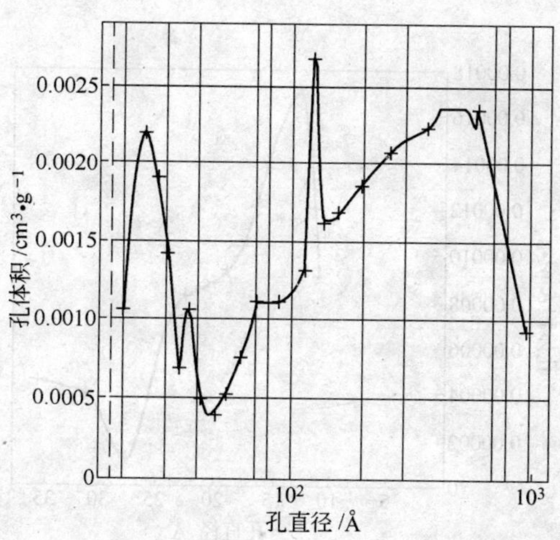

图 6-19　XJ 飞灰 BJH dV/dlog（D）曲线

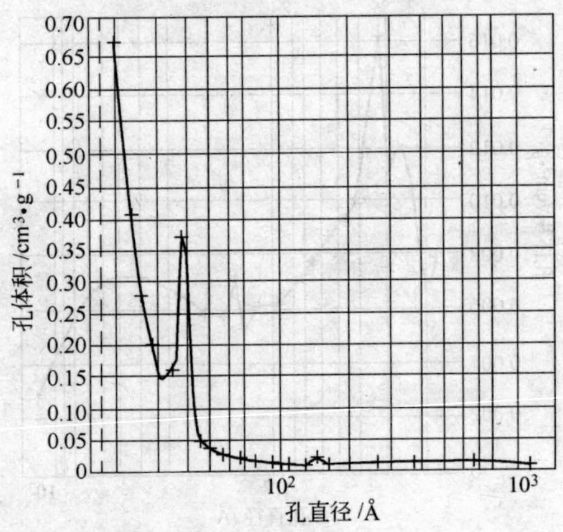

图 6-20 对比活性炭 BJH d*V*/dlog（*D*）曲线

至于吸附剂微孔范围的分布情况则由 HK（Horvath-Kawazoe）曲线来判断，XJ 炭、FS 炭、XJ 飞灰和对比活性炭 HXT 的 HK 曲线分别如图 6-21 ~ 图 6-24 所示。

通过对 XJ 炭、FS 炭、XJ 飞灰和对比活性炭 HXT 的 BJHd*V*/

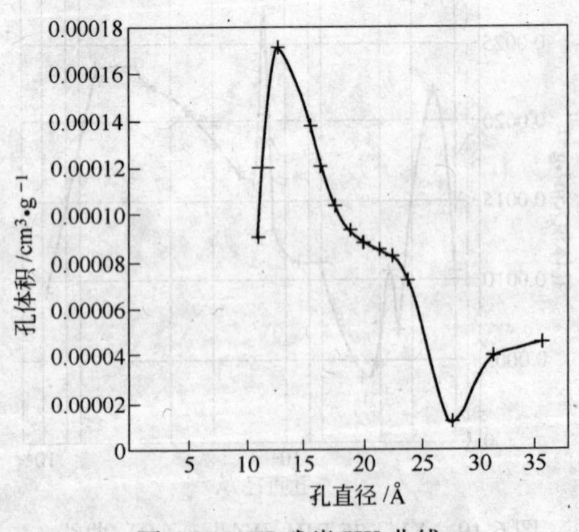

图 6-21 XJ 残炭 HK 曲线

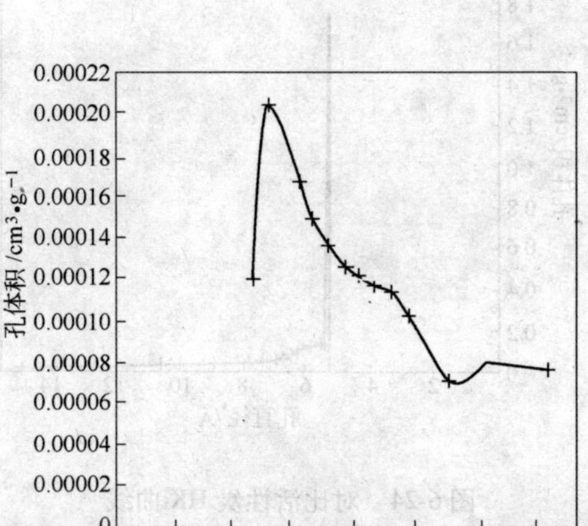

图 6-22 FS 残炭 HK 曲线

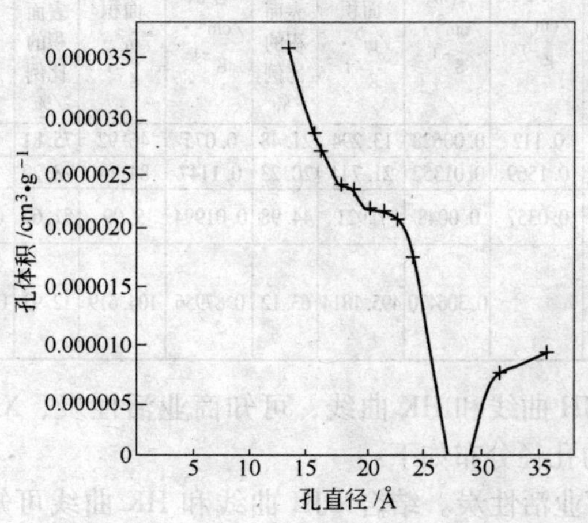

图 6-23 XJ 飞灰 HK 曲线

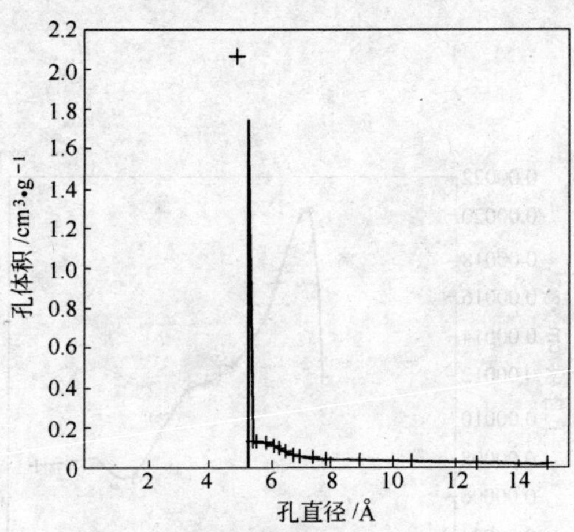

图 6-24 对比活性炭 HK 曲线

dlog（*D*）曲线及 HK 曲线的综合分析，可得各吸附剂不同孔径范围的比表面积和孔容积，分列如表 6-5 所示。

表 6-5 各吸附剂不同孔径范围的比表面积和孔容积

吸附剂	BET 比表面积 /$m^2 \cdot g^{-1}$	总孔容积 /$cm^3 \cdot g^{-1}$	微孔			过渡孔			大孔	
			容积 /$cm^3 \cdot g^{-1}$	比表面积 /$m^2 \cdot g^{-1}$	占整个比表面积的比例 /%	容积 /$cm^3 \cdot g^{-1}$	比表面积 /$m^2 \cdot g^{-1}$	占整个比表面积的比例 /%	容积 /$cm^3 \cdot g^{-1}$	比表面积 /$m^2 \cdot g^{-1}$
XJ 炭	61. 894	0. 112	0. 00628	13. 294	21. 48	0. 075	46. 92	75. 81	0. 031	1. 68
FS 炭	107. 474	0. 1569	0. 01352	21. 744	20. 23	0. 1147	84. 14	78. 29	0. 032	1. 59
XJ 飞灰	17. 611	0. 0357	0. 0048	7. 921	44. 98	0. 01994	9. 09	51. 62	0. 0096	0. 06
对比活性炭 HXT	739. 4454		0. 306470	495. 1814	63. 12	0. 87956	104. 619	12. 93	0. 08046	3. 79

根据 BJH 曲线和 HK 曲线，可知商业活性炭、XJ 飞灰、XJ 炭、FS 炭的孔径分布如下：

（1）商业活性炭。结合 BJH 曲线和 HK 曲线可知存在明显的双峰分布（53nm 和 400nm 处）；

（2）XJ 飞灰。BJH 曲线呈现出复杂的多峰分布状态，比较明显的有（130nm、1300nm 和 5000nm）；

（3）XJ 炭。BJH 曲线和 HK 曲线分布同 XJ 飞灰类似，显示出其同源性，但峰值差异不像 XJ 飞灰那样明显，其中 320nm 处峰较显著，在微孔范围的 150nm 处有一显著峰；

（4）FS 炭。只有一个显著峰（210nm 处），其他峰不显著，同样在微孔 130nm 处有一显著峰，FS 炭在总体上呈现出较明显的双峰分布。

同微孔占主导地位的活性炭相比，残炭不仅孔容积低，而且微孔/大孔容积之比也低。残炭比表面积在 60 ~ 110m^2/g 之间，只有活性炭的 10% 左右，而总孔容积只有 0.11 ~ 0.16cm^3/g，也只有活性炭的 10% 左右。

总之，未燃残炭具有有限的比表面积，并主要被过渡孔（5000 ~ 200nm）所控制，而且过渡孔是联系大孔与微孔的重要通道。因此残炭对于中等或大分子的吸附更合适，同时也对脱附有利。

6.8 残炭的表面官能团

吸附剂官能团对其吸附行为有重要作用，在活性炭、石墨等各种炭材料的表面结构中可识别出多种官能团，包括羟基、苯酚、内酯、乙醛、酐和醚类结构。常见的结构模型如图 6-25 所示。

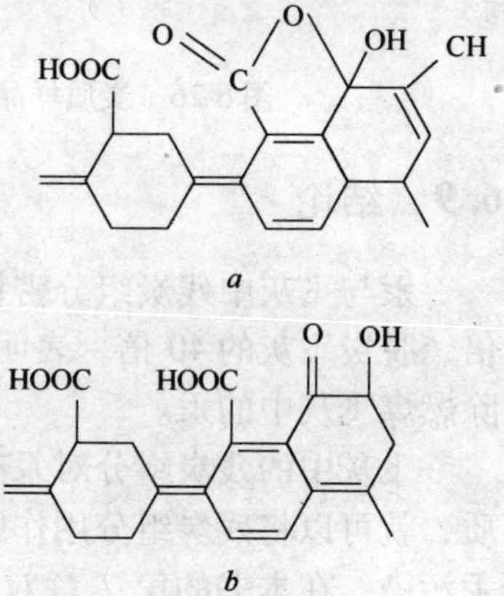

由于未燃残炭是煤经过高温燃烧发展而形成，在结构及物化特征上类似于活性炭。本研究着重分析残炭表面官能团的分布赋存形式，测定炭质表面官能团的方法一般有：氧化物层吸附法、电位测定法、温度测定法、放射滴定法、极

a

b

图 6-25 常见官能团结构

谱法、红外光谱、X 射线光电子谱，以及通过特定化学反应直接分析氧化层。运用傅里叶变换红外光谱法（FTIR）检测 FS、XJ 残炭和 HXT 活性炭表面有机官能团。

炭质样品的红外表征采用 Nicolet 20DXB FTIR 红外光谱仪，KBr 压片。FS、XJ 和 HXT 的红外波谱见图 6-26。可见残炭的红外波谱同活性炭 HXT 非常相似，表明它们含有相似的官能团。从图中可见，较强的吸收峰为：1229.9cm^{-1}、1138.9cm^{-1}、1117.2cm^{-1}、1103.1cm^{-1}、1046.0cm^{-1}。表明炭质表面上主要的含氧官能团为 C—O 键和 COOH 键。在 1700 ~ 1740cm^{-1}之间出现的吸收峰表明残炭表面上还存有少量的 C ═O 键。

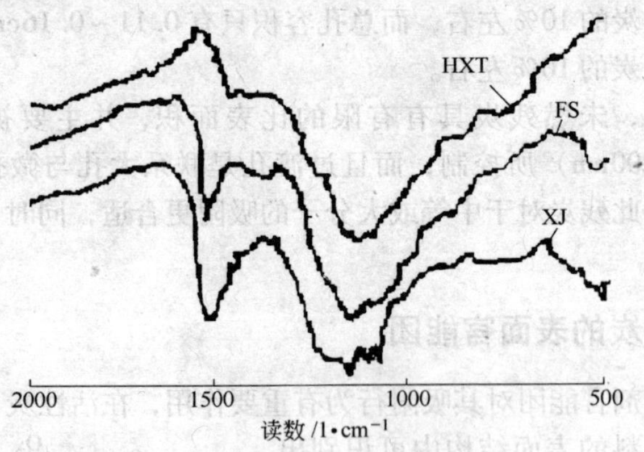

图 6-26　炭质样品的红外光谱（KBr 压片法）

6.9　结论

汞与飞灰中残炭组分密切相关，残炭的汞含量可为原灰的 7 倍、脱炭飞灰的 40 倍，表明可以通过简单的残炭分离工艺以脱除燃煤飞灰中的汞。

飞灰中的残炭组分对汞有较强的亲和作用，基于残炭这种性质，就可以将残炭组分用作廉价的吸附剂，以控制燃煤烟气中的汞污染，在本书的第 7 章对此方法的有效性进行了模拟试验研究，并讨论了相关吸附机理。

飞灰未燃残炭具有多孔疏松结构和不规则外形，其包含的主要杂质有 SiO_2、Al_2O_3 和 Fe_2O_3，残炭中微量元素汞和硒明显富集。残炭的 BET 比表面积有限（60～100m^2/g 以上），并主要受过渡孔控制。XRD 分析表明残炭石墨化程度高于活性炭，且其中矿物质成分高于活性炭，FTIR 测定则表明残炭同活性炭一样，表面有 C—O 及 COOH 官能团存在。

7 分离残炭对气相汞的模拟吸附试验

7.1 吸附的有关概念

7.1.1 定义

吸附是自然界的普遍现象，是周围流体分子向固体表面迁移并最后附着于其表面的动力过程。当吸附达到动态平衡时，附着于固体表面的分子质量浓度大于其在自由流体相中的值。其中流体相被定义为吸附质，而固体相为吸附剂。

从微观角度分析，吸附是分子间相互作用的结果。由于固体表面分子与内部分子存在差异性，即存在剩余表面自由力场，当吸附质分子与固体表面发生碰撞时，其中一部分分子就会附着于其表面，同时释放吸附热。吸附质分子被吸附后，只有当其热运动的动能足以克服吸附剂引力场位垒时才能重新回到流体相。所以在与流体接触的固体表面上，总有吸附质分子保留，而且吸附过程的发生一般会导致整个系统势能下降。

7.1.2 物理吸附和化学吸附

根据吸附剂与吸附质分子相互作用性质的不同，通常将吸附分为两种类型：物理吸附和化学吸附。物理吸附与其相互作用的自然属性有关，即吸附质分子与吸附剂之间的作用力为范德华（Van der Waals）引力。物理吸附层的形成可类比于气液相转化的凝结过程（对于气体吸附过程）。而化学吸附在吸附质和吸附剂分子间有电子转移，即吸附质分子与吸附剂外层原子之间形成表面化学键。虽然物理吸附和化学吸附的定义很明确，但对于实际问题常常较难判别，一方面是因为缺乏对吸附过程中诸多相互作用力的准确度量，而另一方面在于物理和化学吸附的并存性。

所以在实际运用中常采用一些判据加以解决。

第一个判据是吸附热，物理吸附的放热与吸附质冷凝热处于同一数量级，大约 10kJ/mol，而化学吸附热则大得多，大约 150kJ/mol，与其相应化学反应热相当。

第二个判据是系统物质特性，物理吸附类似冷凝过程，只要温度和压力条件允许，就可在任何气-固系统中发生。而化学吸附只有在吸附质和吸附剂表面原子形成化学键时，才可发生。

第三个有用判据是动力学指标，物理吸附平衡速率快，并在低于吸附质临界温度下发生。对于化学吸附，视具体反应条件不同，平衡速率变化极大且反应不受吸附质临界温度的影响。物理吸附和化学吸附的可逆性不同。在吸附温度下，通过降低气体压强可以去除物理吸附层。而化学吸附层的去除则需要更苛刻的条件。

物理和化学吸附这两种机理的吸附层性质亦有差异。物理吸附通常产生多层吸附，吸附层厚度为吸附质分子的若干倍。而对于化学吸附，当单分子吸附层形成后，化学吸附过程即告结束。当然，物理吸附可以以化学吸附层为基层继续进行，此现象在本章后面的残炭吸附机理解释中有详述。

压强和温度条件对两种吸附过程的影响显著不同。因为物理吸附同物相冷凝过程类似，所以其吸附效果只有在特定压强和温度下才能达到最佳范围，即满足 $P/P_0=0.01$，其中 P 为平衡压强，而 P_0为在吸附温度下，吸附质流体的蒸气压。温度则应接近吸附质液化点，除非吸附剂富含大量微孔。对于化学吸附，压强和温度条件就宽松得多（如压强可以很低而温度很高）。

7.1.3 物理吸附的势能

有关文献在描述物理吸附过程时，常常用势能来取代吸附质（剂）之间的相互作用力。相互作用的总势能 Φ_{total}是吸附质分子和吸附剂间诸多类型作用的综合效果，包括色散能 Φ_D；近距排斥 Φ_R；极化能 Φ_P；偶极子交互作用 $\Phi_{F-\mu}$；四倍梯度场作用

$\Phi_{\delta F-Q}$和吸附剂分子间相互作用（用自势能表示）Φ_{SP}：

$$\Phi_{total} = \Phi_D + \Phi_R + \Phi_P + \Phi_{F-\mu} + \Phi_{\delta F-Q} + \Phi_{SP} \tag{7-1}$$

其中色散能和近距排斥能（Φ_D和Φ_R）源于范德华（Van der Waals）引力。

球形无极性分子可用势能方程式 7-2 描述：

$$\Phi_D + \Phi_R = 4\varepsilon\left[-\left(\frac{\sigma}{r}\right)^6 + \left(\frac{\sigma}{r}\right)^{12}\right] \tag{7-2}$$

式中　r——分子间距；

ε,σ——常数。

Φ_D和Φ_R实际上具有非特定性，受吸附分子电子分布改变的影响极小。

极化能（Φ_P）同样通过吸附剂和吸附质分子间电子场的极化作用产生，其值取决于吸附质极化率 α 和吸附剂电场强度：

$$\Phi_P = -\frac{\alpha F}{2} \tag{7-3}$$

极化能（Φ_P）亦具有非特定性，同样不受吸附质分子中永久偶极子和四极子存在性的影响。对于非极性吸附剂，Φ_P值较小。

$\Phi_{F-\mu}$和$\Phi_{\delta F-Q}$代表特定相互作用。$\Phi_{F-\mu}$源于吸附剂表面分子永久偶极矩和电场 F 的吸引作用：

$$\Phi_{F-\mu} = -F\mu\cos\theta \tag{7-4}$$

式中　θ——偶极轴/场角度。

$\Phi_{\delta F-Q}$源于吸附剂表面分子永久四极矩 Q 和电场梯度 $\mathrm{d}F/\mathrm{d}r$ 的吸引作用：

$$\Phi_{\delta F-Q} = -\frac{1}{2}Q\frac{\mathrm{d}F}{\mathrm{d}r} \tag{7-5}$$

自势能Φ_{SP}源于被吸附分子间的相互作用，包括以上所陈述的所有作用，但无明确的数学表达。

在化学吸附中，吸附质分子和吸附剂表面原子间的结合能同吸附作用力有关。这些力比物理吸附中分子间作用力大得多。因为化学吸附的发生通常需要活化能的提供，所以物理吸附常常是化学吸附的先决条件。

7.1.4 吸附焓/热

从热力学角度，气体吸附是放热过程，可用如下热力学关系式表述：

$$\Delta G = \Delta H + T\Delta S \tag{7-6}$$

式中 ΔG——吸附自由能变化；
ΔH——焓变；
ΔS——熵变；
T——温度。

当吸附发生时，气体分子的运动形式从三维（自由气相）转为二维，导致了描述系统无序程度的熵值下降，即熵变 ΔS 是负值。又因为吸附使整个系统自由能下降，即 ΔG 亦是负值，所以焓变 ΔH 一定为负值，即吸附过程表现为放热过程。温度升高对吸附过程不利。

从以上描述可以看出：对于物理吸附，根据吕·查德里原理，温度越低，吸附量越大。但对于吸附质溶解度的温度系数为负数的液相吸附，其吸附量随温度升高反而增加。由于热力学原理适用于理想气体的物理吸附，因此可以推导出和吸附热、熵变等有关的公式。

吸附焓有以下四种不同类型：积分吸附热、微分吸附热、微分热力吸附热和积分热力吸附热[76]。

(1) 积分吸附热为宏观平均量，是在恒定温度和容积下，1mol 吸附质从气相迁移至吸附剂表面形成吸附层所释放的平均热量，定义如式 7-7：

$$q_{\mathrm{i}} = -\left(\frac{\Delta U}{n}\right)_{T,V,A} \tag{7-7}$$

式中 q_{i}——积分吸附热；
ΔU——吸附过程的能量变化；

n——吸附质的吸附量（物质的量）；

T、V和A——恒定温度和体积及吸附量条件。

（2）微分吸附热是单位指标，即对于给定的吸附量/表面积，微量吸附质被吸附时所放出的热量，定义如式7-8：

$$q_{\mathrm{d}} = -\left(\frac{\partial \Delta U}{\partial n}\right)_{T,V,A} \tag{7-8}$$

式中 q_{d}——微分吸附热。

（3）微分热力吸附热是在恒定的温度和压力条件下，对于给定的吸附量/表面积，1mol吸附质从气相迁移至吸附剂表面形成吸附层所释放的热量，定义如式7-9：

$$q_{\mathrm{st}} = -\left(\frac{\partial \Delta H}{\partial n}\right)_{T,P,A} = -(\overline{H}_{\mathrm{A}}^{\mathrm{S}} - \overline{H}^{\mathrm{g}}) \tag{7-9}$$

式中 ΔH——焓变；

$\overline{H}_{\mathrm{A}}^{\mathrm{S}}$——被吸附分子的局部摩尔焓；

$\overline{H}^{\mathrm{g}}$——气相中自由分子的局部摩尔焓。

微分热力吸附热又称为等量微分吸附热，可以通过等比容曲线确定（本章随后将讨论）：

$$q_{\mathrm{st}} = RT^2\left(\frac{\partial \ln P}{\partial T}\right)_{\Gamma} \tag{7-10}$$

式中 R——气体常数；

T——绝对温度，K；

P——平衡气体压强；

Γ——吸附量。

（4）积分热力吸附热，又称为平衡热，是在恒定温度，恒定表面压强或表面张力条件下，1mol吸附质从气相迁移至吸附剂表面形成吸附层所释放的热量，定义如式7-11：

$$q_{\pi} = RT^2\left(\frac{\partial \ln P}{\partial T}\right)_{\pi} \tag{7-11}$$

式中 π——表面压强。

各种吸附热采用不同方法来确定，积分吸附热q_{i}可通过量热法直接测得，如测量沉浸在某流体相中吸附剂的释放热。通过计算 ΔU-n 曲线的斜率可得出微分吸附热 q_d，也可直接测量添加微量吸附质所释放热量。

将两个或更多温度下的吸附数据代入式 7-10 可得到微分热力吸附热（等比容热）q_{st}。同样将等温线数据代入式 7-11 可得到 q_π。

一般来说，物理吸附的微分吸附热和吸附质的冷凝热大小相当；对于化学吸附，则和化学反应热相当；化学吸附热通常比物理吸附热高出一个数量级。微分吸附热随吸附量的变化而变化，温度不同时也有所不同。

如以 γ 表示界面的表面张力，则有下式：

$$\Gamma = -\frac{1}{RT}\left(\frac{\partial\ \gamma}{\partial\ \ln\ a}\right)_T \tag{7-12}$$

式中 a——沼度。

此式称为吉布斯吸附方程式。

等量微分吸附热是最常用到的吸附热，其值大小是区分物理吸附和化学吸附的判据：10kJ/mol 左右的值意味着物理吸附的发生，而 150kJ/mol 左右的值则暗示化学吸附的存在。

理解上述各种吸附热对我们的研究极有帮助，它实际上是气体吸附质在固体表面吸附的函数，暗示出了真实吸附剂的表面异质性和其与被吸附分子的强相互作用关系。

7.1.5 毛细管凝结

蒸气在吸附剂细孔和微孔中的凝结可用 Kelvin 公式解释：

$$\ln\left(\frac{P}{P_0}\right) = -\frac{2\nu\gamma\cos\varphi}{rRT} \tag{7-13}$$

式中 r——微孔半径；

R——温度 T 下的气体常数；

P_0——饱和蒸气压；

P——流体在微孔中的蒸气压；

γ 和 ν ——流体的表面张力和摩尔体积；

φ ——流体和毛细孔壁的接触角。

公式中“ = ”右面的负值暗示若接触角小于90°，则 P 小于 P_0。在此情况下（$\varphi<90°$），毛细孔中流体的蒸气压将比同一温度下平面上方的流体蒸气压低。对于半径为 r 的毛细孔，且暴露在蒸气压为 P 的气相中，当 P 达到 Kelvin 公式计算值时，则发生气液相转化。反之，若毛细孔中包含液相，除非孔内蒸气压 P 降至 Kelvin 公式的饱和气压，则其蒸发过程将不会发生。因为汞与炭、玻璃、不锈钢和塑料的接触角在135°左右，因此在研究汞与上述材料间的吸附特性时，其毛细效应不表现为主要因素。

7.1.6 吸附等温线和吸附回线

吸附质与吸附剂在达到吸附平衡时，吸附质在气、固两相中的质量浓度有一定的函数关系，通常用吸附等温线来表示。吸附等温线通常根据试验数据绘制，也常用各种经验方程式来表示。

气体在每克固体表面的吸附量 V 依赖于气体的性质、固体表面的性质、吸附平衡的温度 T 以及吸附质的平衡压力 P，其函数关系可以表示为：

$$V = f(T, p, \text{gas}, \text{solid}) \tag{7-14}$$

当给定了吸附剂、吸附质及吸附平衡温度后，则吸附量 V 就只是吸附质的平衡压力 P 的函数，如式7-15 所示：

$$V = f(p)_{T,\ \text{gas},\ \text{solid}} \tag{7-15}$$

当平衡温度 T 在吸附质的临界温度以下时，则吸附质的平衡压力通常用相对压力 $x(x = P/P_s)$ 来表示，P_s 为吸附质在温度 T 时的饱和蒸气压，此时

$$V = f(x)_{T,\ \text{gas},\ \text{solid}} \tag{7-16}$$

按照式7-15 或7-16 由 V 对 P 或 x 作图得到的曲线称为吸附

等温线，如图 7-1 所示。

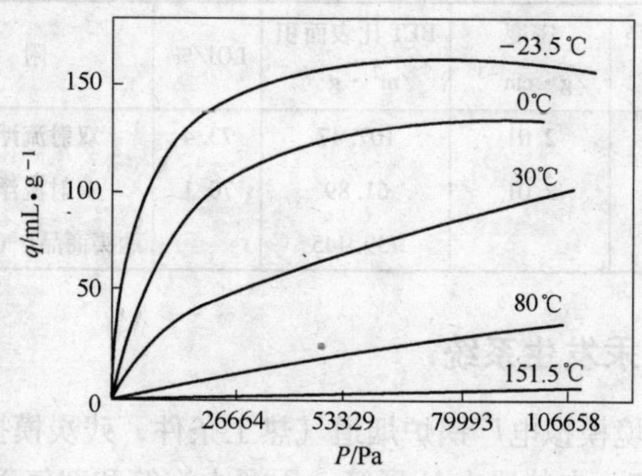

图 7-1 吸附等温线示意图

在有的情况下，即对于某种吸附质与吸附剂的组合，式 7-14 不只是状态方程，而且还是过程方程，即当温度、气体及固体指定后，一定的相对压力，还不能完全决定吸附量 V，还取决于其变化过程。例如，由零升压至相对压力 x_i 而达到吸附平衡时的吸附量 $V_{升}$ 与由 $x=1$ 降至同一相对压力 x_i 而达到吸附平衡时的吸附量 $V_{降}$ 不相等。

7.1.7 吸附研究中的重要变量

吸附剂的吸附行为受诸多因素的影响。比较重要的有吸附质质量浓度、温度、湿度和介质输送。这里将结合吸附动力学特征，着重研究吸附质质量浓度和温度因素。

7.2 试验原料

以两种飞灰残炭为研究对象，参照国标 GB 2893.7—82 的规定，分析炭质的吸附相关性质如表 7-1 所示，FS 残炭从福建石狮某电厂飞灰中浮选分离。而 XJ 残炭从山西晋城某电厂飞灰中浮选分离。为便于对比，本研究同时进行商业活性炭 HXT 的平行试验。所有样品均经过 400℃下干燥 4h 的预先处理。

表 7-1　吸附实验中炭质的性质

炭质	平均粒径 /μm	密度 /g·cm^{-3}	BET 比表面积 /m^2·g^{-1}	LOI/%	附　注
FS	63	2.01	107.47	73.4	双射流浮选柱分离
XJ	52	2.01	61.89	70.1	双射流浮选柱分离
HXT	40		739.445		购买商品(气体吸附专用)

7.3　气相汞发生系统

试验环境模拟电厂锅炉烟道气热工条件，残炭模拟吸附试验装置见图 7-2，本装置由 U 形管、汞源水浴箱和载气 N_2供应装置等组成。本研究中载气 N_2的级别为 P. P. 级。U 形管底部放置金属汞，汞蒸气释放量由金属汞与空气的自由表面积、汞源水浴温度和载气流量控制。

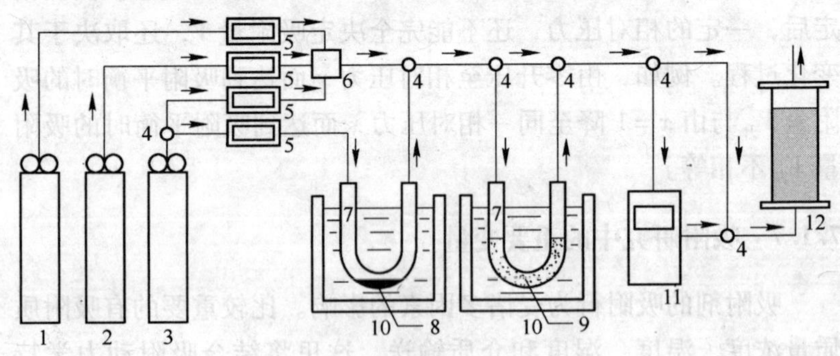

图 7-2　残炭模拟吸附试验装置

1—O_2气瓶；2—SO_2气瓶；3—N_2气瓶；4—三通阀门；5—流量计；6—混合罐；7—U 形管；8—液相汞；9—吸附床；10—恒温水浴箱；11—测汞仪；12—活性炭吸收瓶

作为汞源和吸附床的 U 形管下部浸入水浴中。载气通过 U 形管时携带其中的蒸发气相汞，形成含汞混合气，并成为动态吸附床入料。含汞混合气的汞质量浓度由汞置放量、阀门、载气流量和汞源水浴温度来控制，水浴温度范围为 20～80℃。

7.4 气相汞分析

混合气中汞质量浓度由 QM201H 燃煤烟气测汞仪测量分析。测汞仪为用来连续测量痕量气体汞的专用测定仪器，可方便地实时检测各种工业废气中汞的质量浓度，也能采集大气中的汞并对其进行测定。

主要技术指标：（1）零点漂移小于 0.2mV；（2）噪声小于 0.08mV；（3）标准曲线相关系数不小于 0.995；（4）检测下限不大于 1μg/m³；（5）测量范围 0～50μg/m³。在 625mL/min 流量下，每个测量流程为 12s。

QM201H 测汞仪基本原理：如图 7-3 所示，将待测气体通过已充填金丝的石英管，其中的汞原子会与纯金发生汞齐反应而形成金汞剂。在测量阶段，将充填金丝的已吸附汞的石英管加热至所需高温并通入氩气（或高纯氮）。气流进入仪器荧光箱，在低压汞灯（GP2Hg）253.7nm 锐线光源的照射激发下产生荧光，并经聚光镜汇聚在光电倍增管的光阴极上而被转换为电信号，再经放大计算处理后得测量结果。

在一定条件下，荧光强度与汞原子质量浓度成正比，如式

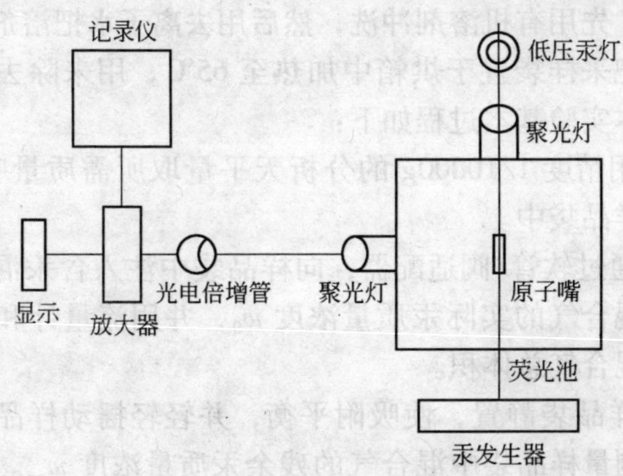

图 7-3 QM201H 测汞仪光电原理

7-17 所示：

$$I_r = kw \tag{7-17}$$

式中　I_r——荧光强度；

k——常数；

w——荧光池汞质量浓度。

因此测出荧光强度即可确定被测样品中的汞质量浓度。

7.5　实验过程

王立刚等于 2003 年进行了炭质的吸附实验，整个吸附试验分静态吸附实验和动态吸附试验两部分，前者主要是测试其吸附等温线，而后者则涉及吸附动力学。

7.5.1　静态吸附实验

静态吸附试验的吸附过程在 Tedlar 气体样品收集袋中进行，样品袋容量 1L，Tedlar 气体收集袋是用 2mil（千分之一寸）的 Tedlar 材料制成，可以替代 Teflon FEP 收集袋。Tedlar 材料比 Teflon FEP 材料的渗透性更小，并且与通常采样得到的气体化合物不发生化学反应。标准配置带有 Roberts On/Off Barbed 接头和 Jaco Septum 接头。此外，使用合适的清洗技术，收集袋都能被重复使用。先用有机溶剂冲洗，然后用去离子水把溶剂冲干净即可。最后把采样袋置于烘箱中加热至 65℃，用来除去残留的有机溶剂。本实验基本过程如下：

（1）用精度 1/10000g 的分析天平量取所需质量吸附剂 m，将其置于样品袋中。

（2）通过软管/阀适配器，向样品袋中注入含汞混合气。测量每批次混合气的实际汞质量浓度 w_0，并用流量计和秒表记录样品袋中混合气总体积。

（3）样品袋静置，使吸附平衡，并轻轻摇动样品袋，以促进吸附。测量样品袋中混合气的残余汞质量浓度 w_{eq}。每个样品袋的汞质量浓度测量两次并取其平均值。

（4）通过公式 7-18 计算出吸附剂的汞吸附量：

$$q = \frac{V(w_0 - w_{eq})}{m} \tag{7-18}$$

式中 q——吸附剂的汞吸附量，μg/g；

V——样品袋的气体填充体积，m^3；

w_0——气体的初始汞质量浓度（吸附前），μg/m^3；

w_{eq}——吸附平衡时，气体的汞质量浓度（吸附后），μg/m^3；

m——在吸附前置入袋内的吸附剂质量，g。

另外，在吸附试验前要检验样品袋的密闭性，即用汞质量浓度为 22.4ng/mL 的混合气注入样品袋中，7 天后汞质量浓度读数为 21.9ng/mL，14 天后读数为 21.4ng/mL。即汞质量浓度的相对减耗量为 2.2% 和 4.5%。说明样品袋的汞渗透性极低。

7.5.2 动态吸附实验

动态吸附实验的目的是研究吸附动力学特征，并且可以获得吸附等温线数据。其试验装置如图 7-2 所示，吸附床是直径 4mm 的 U 形管，并在吸附时置于水浴中以保持恒温，吸附水浴箱中充填防冻液。入料管和吸附床通过三通连接，这样可在混合气进入吸附床前测量其汞质量浓度。尾气从吸附床的另一端排出。当需要测量混合气中汞质量浓度，混合气体（给气和尾气）首先被收集在样品袋中，并随后用测汞仪分析样品袋中汞质量浓度。动态吸附结构和操作参数总结如表 7-2 所示。

表 7-2 动态吸附结构和操作参数

U 形管材料	玻 璃	床层高度	约 8.5cm
U 形管内径	4.0mm	吸附水浴温度	20～80℃
U 形管高	16cm	汞源水浴温度	20～80℃
吸附剂质量	约 12g	混合气流速	约 600mL/min

汞吸附量可通过以下公式算得

$$q = \int_0^{Q_t} (w_0 - w)\mathrm{d}Q_t \tag{7-19}$$

式中　w_0 和 w——流入和流出汞质量浓度；

Q_t——在时间 t 内通过床层的气体总体积。

7.6　测试结果

7.6.1　未燃残炭和商业活性炭的汞吸附特性

所有静态吸附试验均在 Tedlar 气体样品袋中进行，置于样品袋中的吸附剂质量为 0.03 ~1.1g。

20℃时残炭 FS 和 XJ 的吸附等温线见图 7-4 和图 7-5，为便于对比，商业活性炭 HXT 的吸附等温线也显示在图 7-4 和图 7-5 中，其中 HXT 专门用作气相吸附。可见残炭等温线形状类似于 Brunauter[77] 分类中的Ⅱ型吸附等温线，活性炭 HXT 吸附等温线

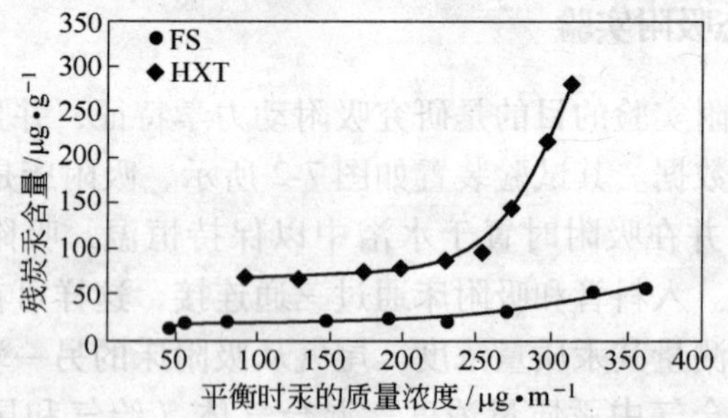

图 7-4　FS 残炭的吸附等温线（20℃）

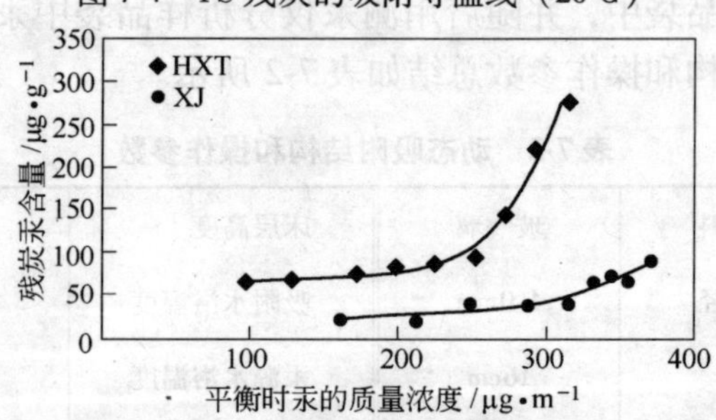

图 7-5　XJ 残炭的吸附等温线（20℃）

则明显具有Ⅲ型等温线特征，吸附等温线类型的不同反映出残炭与活性炭吸附机理的差别。在低汞平衡质量浓度端（小于250μg/m³），吸附剂中汞含量随混合气中汞平衡质量浓度的增加呈线性逐步增长，对于XJ炭，当配气中汞平衡质量浓度达某特定值（大于250μg/m³），吸附剂中汞含量随汞平衡质量浓度的增加而迅速增长。同时也从试验数据中发现，汞平衡质量浓度小于250μg/m³时，残炭吸附能力同商业活性炭HXT差别显著减小。低汞质量浓度端吸附剂的吸附能力由高至低依次为：HXT、XJ、FS。在高汞质量浓度端，商业活性炭的吸附量则明显升高（HXT汞含量可达180μg/g）。说明虽然商业活性炭对于高汞质量浓度气流的吸附具有绝对优势，而对于较低汞质量浓度的燃煤烟气，活性炭与残炭的汞吸附性能差别显著减小。因为燃煤烟气的汞质量浓度较低（0.05～1.20mg/m³）。若从经济效益的角度考虑，飞灰残炭在脱除燃煤烟气汞污染物方面可能比商业活性炭更具优越性。

7.6.2 残炭的动态吸附试验

选择FS残炭作为研究对象，并在不同入口汞质量浓度和吸附温度的条件下进行动态吸附试验（见图7-6～图7-11）。可见各吸附曲线大致呈对数曲线分布，吸附温度表现为显著影响因素：40℃的吸附能力低于20℃，这符合气相物理吸附的一般规

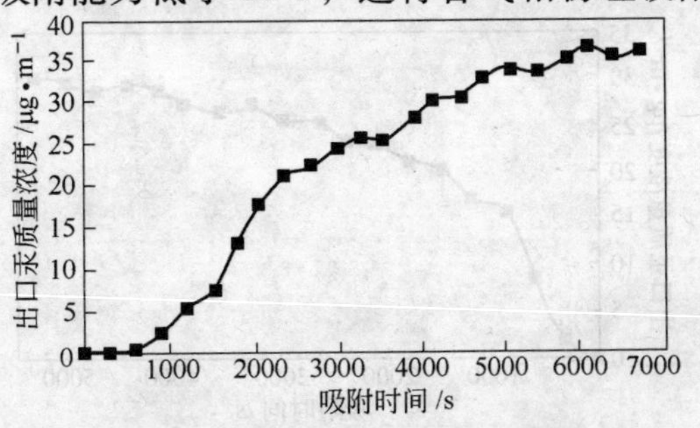

图7-6 FS残炭动态吸附曲线

入口汞质量浓度为36μg/m，20℃

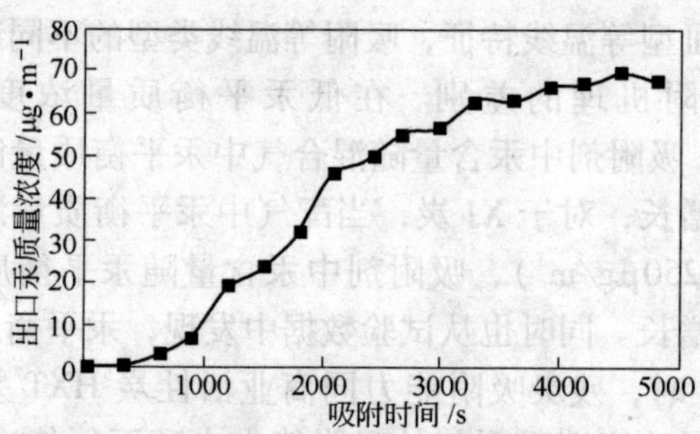

图 7-7 FS 残炭动态吸附曲线

入口汞质量浓度为 68μg/m，20℃

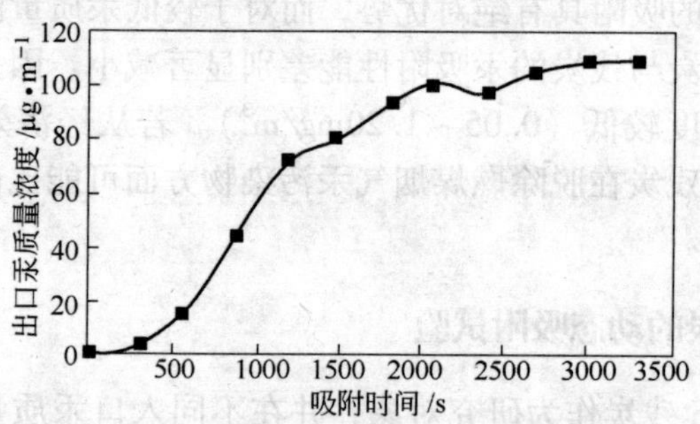

图 7-8 FS 残炭动态吸附曲线

入口汞质量浓度为 107μg/m，20℃

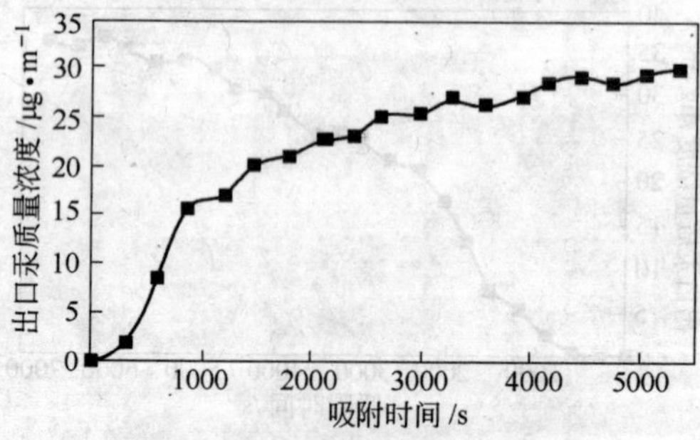

图 7-9 FS 残炭动态吸附曲线

入口汞质量浓度为 29μg/m，40℃

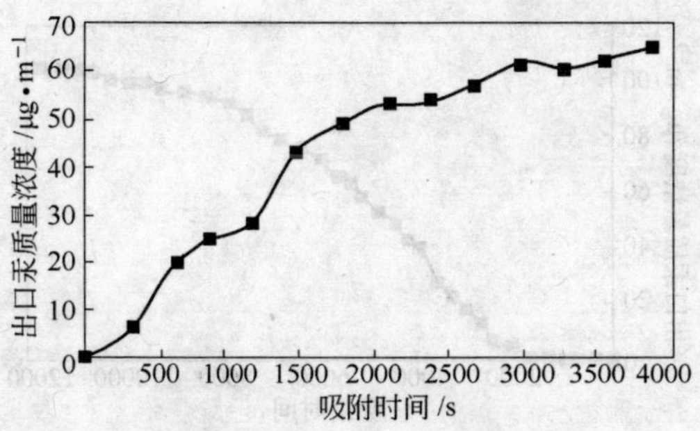

图 7-10 FS 残炭动态吸附曲线

入口汞质量浓度为 63μg/m，40℃

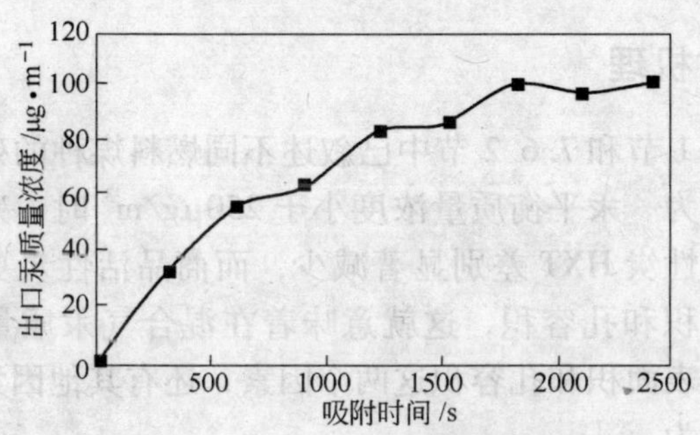

图 7-11 FS 残炭动态吸附曲线

入口汞质量浓度为 102μg/m，40℃

律，表明残炭的汞吸附以物理吸附为主。另外，入口汞质量浓度越高，则残炭固定床达到饱和吸附的时间越短。对比静态吸附实验所得的吸附量（见图 7-4，对于同样残炭），通过动态吸附试验所得的吸附量明显降低。这可能是因为二者吸附时间的差别所致。为了比较活性炭与残炭的汞吸附性能，测试了活性炭 HXT 在 40℃，入口汞质量浓度 105μg/m^3 条件下的动态吸附曲线，如图 7-12 所示。可见在本试验条件下，HXT 的汞吸附能力大约比相同条件下的 FS 炭平均高 5 倍左右。

当然，仍需要作进一步的试验以确定其他因素（如微量元素、表面积、孔径及其分布和结晶相）的影响作用。

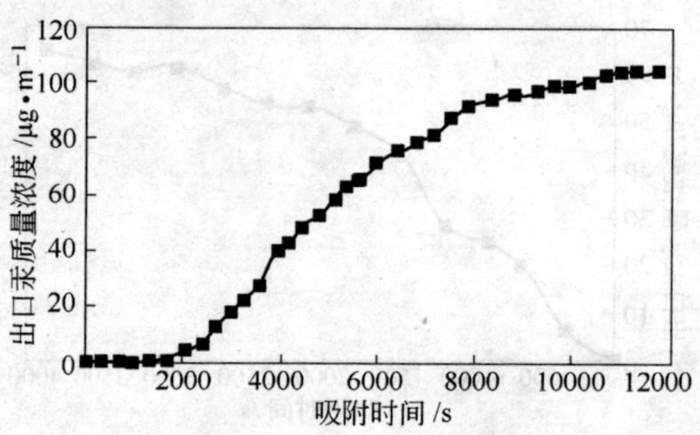

图 7-12　HXT 动态吸附曲线

入口汞质量浓度为 105μg/m，40℃

7.7　吸附机理

在 7.6.1 节和 7.6.2 节中已叙述不同燃料煤种的残炭具有不同的吸附行为。汞平衡质量浓度小于 $250\mu g/m^3$ 时，残炭吸附能力同商业活性炭 HXT 差别显著减少，而商品活性炭更具有大得多的比表面积和孔容积，这就意味着在混合气汞质量浓度较低时，除了比表面积和孔容积这两个因素，还有其他因素控制残炭的汞吸附行为。

其中可能的因素包括炭质表面官能团的类型与含量、微量元素和结晶相种类及分布。因为一些金属氧化物在许多化学反应中充当催化剂的角色，所以飞灰类型和含量同样是重要因素。因为不同的吸附等温线反映出不同的吸附机理，所以本节从分析样品的吸附等温线入手，接着引入吸附剂表面异质成分的概念，最后推导出相应物理吸附模型以解释实验中的残炭汞吸附现象。另外，由于汞具有高表面张力及与炭质成分的润湿性差，所以本节还对比分析了汞分子之间及其与炭表面的相互反应。

7.7.1　试验残炭吸附等温线分析

对于物理吸附过程，Brunauter 等区别出了物理吸附过程中的 5 种吸附等温线，随后其他研究者又发现了新的等温线。通常的6种吸附等温线如图7-13所示，依照此分类，Ⅰ型等温线一般表示单分子层吸附，也称为Langmuir型。其形状是微孔填充的特征。此种曲线可通过O_2或N_2在某种木炭和硅胶的低温吸附而获得，因为其形成的单吸附层时吸附表面达到饱和。一般来说化学吸附过程表现出此类型曲线。Ⅱ型等温线是最常遇到的吸附等温线，也称为S型等温线，对于单分子层吸附，曲线前端大约一直延伸至相对压强0.1处。此点之后是多层吸附区，毛细管凝结在大于相对压强0.4时，在此区域发生。当吸附质与吸附剂相互之间的作用微弱时，就出现Ⅲ型等温线。Ⅲ型等温线的显著特征是相对于压强轴凸起，说明此类型吸附是自然协同作用的结果，被吸附的吸附质分子越多，则下一步的吸附越易进行。Ⅳ型等温线的显著特征是具有滞后回线，可解释为由于毛细管现象的缘故。Ⅴ型等温线与Ⅳ型等温线相似，只是吸附质与吸附剂之间的相互作用较弱。Ⅵ型等温线是由于均匀基质上惰性气体分子分阶段多层吸附而引起。

汞具有高表面张力γ，与炭质吸附剂的接触角φ值大。而γ

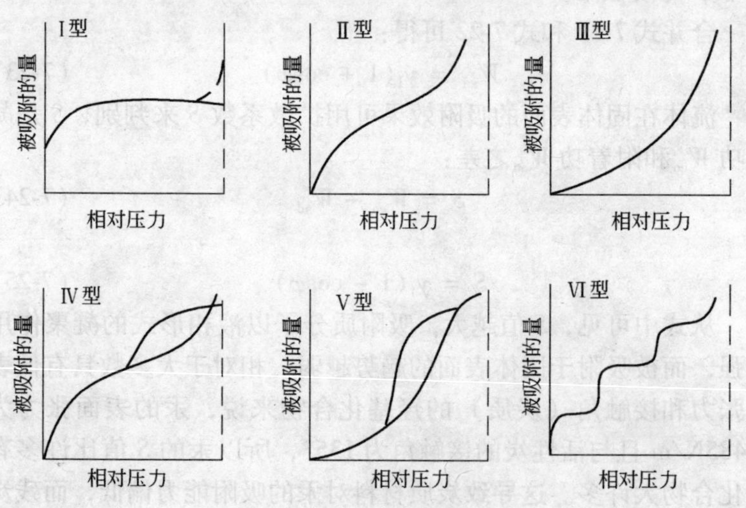

图7-13 6种类型吸附等温线[78]

和 φ 值是所有吸附质与吸附剂分子相互作用的统计性表征指标，这些相互作用包括色散作用、偶极子作用、π 键、氢键、金属键、离子和静电作用。表面张力和接触角的作用可通过凝聚功 W_{co} 和附着功 W_{ad} 来表示，前者定义为分离液体柱单元横截面所需的可逆功，而后者是分离固-液结合单元所需的等温可逆功。

$$W_{co} = 2\gamma_l \tag{7-20}$$

式中 W_{co}——凝聚功；

γ_l——液体表面张力。

$$W_{ad} = \gamma_l + \gamma_s - \gamma_{sl} \tag{7-21}$$

式中 W_{ad}——附着功；

γ_l——液体表面张力；

γ_s——固体表面张力；

γ_{sl}——界面张力。

根据 Young-Dupre 方程，对于在某固体平面位于平衡的吸附质液滴有：

$$\gamma_s = \gamma_l\cos\varphi + \gamma_{sl} \tag{7-22}$$

式中 φ 为接触角。

合并式 7-21 和式 7-22 可得：

$$W_{ad} = \gamma_l(1 + \cos\varphi) \tag{7-23}$$

流体在固体表面的吸附效果可用扩散系数 S 来判别，S 是凝聚功 W_{co} 和附着功 W_{ad} 之差：

$$S = W_{co} - W_{ad} \tag{7-24}$$

或

$$S = \gamma_l(1 - \cos\varphi) \tag{7-25}$$

从式中可见，S 值越大，吸附质分子以液相形式的凝聚作用越强，而被吸附于固体表面的趋势越弱。相对于大多数具有低表面张力和接触角（炭质）的羟基化合物来说，汞的表面张力为 0.485N/m 且与活性炭的接触角为 135°，所以汞的 S 值比许多有机化合物大许多。这导致炭质材料对汞的吸附能力偏低，而残炭及商业活性炭的静态吸附结果却与此不太相符，表明吸附剂表面存在活性点位以强化其吸附过程，Lopez 等所做的活性炭试验也证实了活性点位的存在。活性点位处的 φ 和 S 值均低，从而使这些点位的吸附能力升高。

残炭的吸附等温线类似于Ⅱ型等温线，活性炭吸附等温线则具有Ⅲ型等温线特征，吸附等温线类型的不同反映出残炭与活性炭吸附机理的差别。炭质的起源因素对汞吸附行为的影响比其比表面积和孔径分布更大，FS 残炭和 XJ 残炭的吸附等温线凹度不同。汞具有高表面张力 γ 并与炭质吸附剂的接触角值大，在理论上会导致炭质材料对汞的吸附能力较弱，而静态吸附实验结果表明炭质吸附剂表面存在活性点位，从而使其吸附过程得到加强。

7.7.2 活性点位的汞吸附

活性中心或活性点位的概念首先由 Dubinin1993 年[79]在解释水蒸气在活性炭表面的吸附等温线时提出。他假设在活性炭表面存在一定数目的吸附中心，也称作活性中心。当水分子被活性中心吸附后，被吸附的水分子可充当“次级中心”，供其他水分子进一步被吸附。

对于水蒸气，吸附中心取决于炭表面存在的含氧官能团，这些官能团具有与水分子形成氢键的趋势。Dubinin 的假设已被对比实验所证实，即原状有机炭和经过真空热处理（1237K）的相同有机炭（以去除炭表面所包含的含氧官能团）对水的对比吸附试验。实验中发现：虽然对有机炭的热处理实质上并未改变其孔隙结构，却显著降低了其对水蒸气的吸附能力。

对于燃煤飞灰残炭，任何与汞分子具有较高亲和力的点位均看作是活性点位，通过对等温线数据点的分析，这些活性点位可能为含氧官能团、微量元素（如硫、硒和汞）以及催化成分。

汞在活性点位上的吸附既可以是物理吸附也可以是化学吸附，或二者兼有。即活性点位可能是高势能阱，也可以是非平衡状态原子点，或二者兼有。对于物理吸附，由于气相汞以自由单原子态存在，故汞-炭系统中的主要相互作用为色散力，由于原子电子云密度的瞬间变化，导致临近原子电子运动状态的相应改变，而使两原子间产生的吸引作用为色散作用。London 对两个距离为 r 的隔离原子之间的势能 Φ_D（相当于色散作用）定量描述如式 7-26：

$$\Phi_D = -4\varepsilon\left(\frac{\sigma}{r}\right)^6 \tag{7-26}$$

式中，负号表示吸引作用，常数 ε 和 σ 与两原子电子结构参数有关，如极化性和反磁性磁化系数等。另外由于原子间电子云的相互穿插重叠而产生斥力，数学表达如式 7-27：

$$\Phi_R = -4\varepsilon\left(\frac{\sigma}{r}\right)^{12} \tag{7-27}$$

因此，斥力只有在分离原子的近距离有效。

于是两分离原子的总势能 Φ 由式 7-28 给出：

$$\Phi = \Phi_D + \Phi_R = -4\varepsilon\left[\left(\frac{\sigma}{r}\right)^6 + \left(\frac{\sigma}{r}\right)^{12}\right] \tag{7-28}$$

因为式 7-27 中的常数在理论上难以确定，所以斥力项通常取经验估计值（如 Φ_D 的 40%）。当然要将上述概念应用于实际吸附过程，还需将所有气相原子-固相原子对的总和作用描述出来，也可以通过远距积分的方法来取代。因为势能随原子间距的扩大而急剧下降，所以色散作用通常只局限在第一吸附层内。

总之，色散作用的强度取决于吸附质和吸附剂原子的电子结构。具有“弹性性质”电子结构的分子会与相同电子结构的吸附剂分子产生强烈的相互作用，如活性炭。汞在元素周期表位于ⅡB 和 6 周期交汇点，相对原子质量为 200.59，其基态的所有 4f、5d 和 5s 轨道均被电子充占，这种原子结构的电子云易于发生变化。当汞、碳原子相互接近时，由于碳原子电子密度的瞬间变化，会相应引起汞原子内电子运动状态的改变。另外对于多孔吸附剂（如活性炭），通常显示出独特的吸附行为：孔径极细的微孔内的色散力通常比开放表面处的色散力强得多，这是由于孔壁周围（相邻）区域的重叠作用所致，从而导致其吸附能力的提高。此外，若炭表面存在有电场，例如存在某些官能团，则汞分子和炭表面间的极化作用也将加强吸附作用，如 7.1.2 节所述。

对于化学吸附，气相分子与吸附剂表面上的原子或分子则通过化学键，或通过电子云的重叠结合。汞在炭质（如活性炭、石墨和残炭）界面上的化学吸附可能发生在非平衡态原子点位处。这些点位可以是含氧官能团（如在第 4 章通过 FTIR 识别出的 COOH 基团）和微量元素（如硫、氯、硒和汞）。

化学吸附可用化学反应中的自由能改变来解释，图 7-14 显示出 HgSe、$HgSeO_3$、HgS 和 HgO 形成反应的标准自由能变化值，在标准状态下，形成固态 HgSe、$HgSeO_3$、HgS 和 HgO 反应物的自由能变化为负值，说明此类反应自发形成，对汞吸附有重要作用。不同类型残炭吸附效果的差异性（如图 7-4 和图 7-5 所示），可能是由于残炭表面含氧官能团种类和含量的不同所致。因为未燃残炭来源于不同燃料煤类型和燃烧工况。

美国的 ASTM 标准将燃煤飞灰分为两种：Class C 和 Class F。其中 Class C 飞灰是低阶煤的（如褐煤）的燃烧产物，而 Class F 飞灰是高阶烟煤的燃烧产物。不同煤阶的煤经历了不同程度的煤化作用，随煤化程度的加深，氧、氢元素含量减小而芳构化程度加深。再考虑到燃烧工况的差异（如燃烧温度和空气、燃料比）均会引起未燃残炭具有不同物理、化学和结构特征。另外，燃料煤中由于地质因素而产生的微量元素（如 S、Hg 和 Se）的差异，也会对残炭的汞吸附行为产生额外影响。

对于汞在活性点位的化学吸附，其相关化合物的形成与图 7-14 的显示值多少会有差异。因为二者间的反应物处于不同的反应条件中，而且吸附中汞质量浓度也远低于标准态。但图7-14 仍然在理解汞的吸附机理方面传达了有用的信息。对实际情况，若官能团和微量元素已知时，可通过加入汞质量浓度因子 p_{Hg} 来

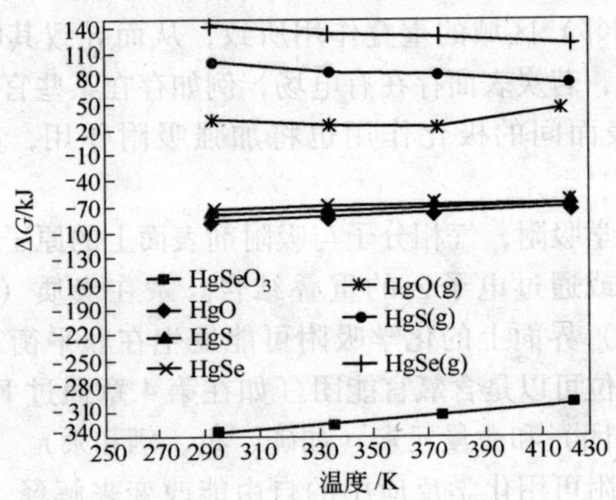

图 7-14　温度对 HgSe、$HgSeO_3$、HgS 和 HgO 形成反应的标准自由能变化值的影响

计算自由能改变：

$$\Delta G = \Delta G^0 + RT\ln\left(\frac{1}{p_{\mathrm{Hg}}}\right) \tag{7-29}$$

7.7.3　汞在炭质上吸附的概念模型

只要炭质表面形成原生吸附层（不管是通过物理吸附还是化学吸附形成），吸附过程就会以此为基础继续发展而形成多吸附层或填充微空隙。此过程称作连锁蔓延吸附。这个独特的吸附现象源于汞分子的独特性质，如大表面张力，更准确地说是其独特的电子结构。实际上，汞在含汞位点处的聚集机理首先由 Barrer 和 Whiteman 提出，此提法基于他们对汞-沸石吸附系统的研究。其他研究者也发现，菱沸石是一种富钙多孔晶体（$(\mathrm{Ca},\ \mathrm{Na})_2[\mathrm{Al_2Si_4I_{12}}]\cdot 6\mathrm{H_2O}$），在有氧存在时，可吸附占其自身质量27% ~ 60%的汞，并形成汞-菱沸石络合物。其在真空中的吸附量小且遵守 Henry 定律。

Henry 定律包括：

(1)汞-菱沸石界面上 Hg^{2+} 离子位对汞的化学吸附。

$$Hg^{2+} + Hg \longrightarrow Hg_2^{2+} \tag{7-30}$$

(2)汞原子与 Hg_2^{2+} 离子结合形成簇团。

$$Hg_2^{2+} + nHg \longrightarrow Hg_{2+n}^{2+} \tag{7-31}$$

此吸附机理可用物理模型的形式解释，其模型示意见图 7-15，是活性点位吸附机理和连锁增殖机理的综合。

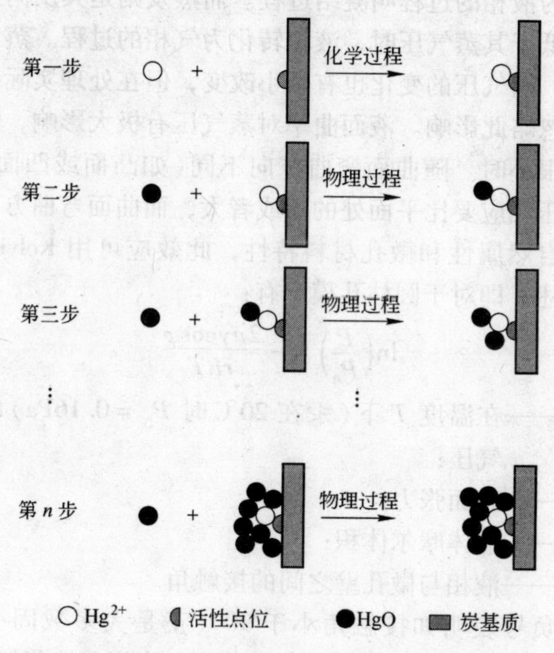

图 7-15 汞在炭质上吸附的示意模型

本研究中炭质的吸附等温线亦可基于此模型来解释，XJ 残炭和 FS 残炭在低气相汞质量浓度下（小于 250μg/m³ 或 2.27×10^{-5} mmHg）偏高的吸附能力可归结为其表面存在有相对多的活性点位，可形成 Hg^{2+} 和相应簇团，从而导致汞吸附能力攀升。对于高气相汞质量浓度（大于 250μg/m³ 或 2.27×10^{-5} mmHg）吸附，微孔填充和连锁增殖过程则表现为重要因素。另外，汞在活性点位的吸附不一定以 Hg^{2+} 的形成为基点，Hg^0 也可以通过与含氧官能团及微量元素的强相互作用(电子云叠加)吸附在活性点位上。虽然此相互作用可能不如化学键强烈，但比一般物理吸附强得多。

7.7.4 凝结机理

在特定温度下，当某物质气相压大于其蒸气压时，而发生的气相转化为液相的过程叫凝结过程。而蒸发则是其反向过程，即当气相压低于其蒸气压时，液相转化为气相的过程。蒸气压是温度的函数，随气压的变化也有微小改变，但在处理实际工程问题时，通常忽略此影响。液面曲率对蒸气压有极大影响，特别在其曲率半径很小时。随曲面弯曲方向不同(如凸面或凹面)，曲面上的蒸气压相应要比平面处的小或者大，而曲面弯曲方向则取决于液体的自然属性和微孔材料特性，此效应可用 Kelvin 方程进行数学描述，即对于圆柱孔模型有：

$$\ln\left(\frac{P}{P_0}\right) = -\frac{2\nu\gamma\cos\varphi}{rRT} \qquad (7\text{-}32)$$

式中 P_0——在温度 T 下(汞在 20℃ 时 $P_0 = 0.16\text{Pa}$)的饱和蒸气压；

γ——表面张力；

ν——液体摩尔体积；

φ——液相与微孔壁之间的接触角。

式中负号表明如接触角小于 90°(正是大多数固-液相的情况)，则 P 小于 P_0。在此情况下，微孔中液相上的蒸气压比处于平面处液相上的蒸气压低。对于一个含半径 r 圆柱孔的固体，当暴露于某气相中，随着气相压逐渐升高，只要气相压 P 达到 Kelvin 方程的给定值，孔内的气相就会凝结为液相。相反，若孔内已包含有液相，只有系统内蒸气压降至 P(小于 Kelvin 方程的给定值)，蒸发过程才进行。如果毛细孔半径不同，且固体暴露在压强为 P 的气相中，则只有孔径等于或小于 Kelvin 方程的给定 r

值，其毛细孔内的气相才会凝结为液相。对于汞，因为其与大多数固体的接触角在135°~150°之间[80]，孔内的汞蒸气压要高于处于平面处的汞蒸气压。这样，只有孔内径大于 Kelvin 方程的计算值，汞蒸气才会凝结。同时从 Kelvin 方程也可以看出，在低汞质量浓度(或汞蒸气压)下，汞分子首先填充大孔隙(直径大于10^4nm)，随汞质量浓度的升高，依次向小孔隙填充。图7-16显示出在20℃时汞相对蒸气压 P/P_0 与孔半径 r 的对应关系(通过 Kelvin 方程计算)。其中的参数取值为：$\nu=14.8\text{cm}^3/\text{mol}$ $(1.48\times10^{-5}\text{m}^3/\text{mol})$；$\gamma=0.480\text{N/m}$；$T=293.15\text{K}$；$R=8.31\text{J/(mol/K)}$。可见，包含在孔径为10nm的圆柱孔内的汞蒸气压比平面处的大10^5。只有孔径大于10^4nm时，曲率对汞蒸气压的影响才会显著减小。但从图7-4和图7-5可见，当汞质量浓度远小于上述计算值时(在20℃时，13.20mg/m^3或0.0012mmHg)，残炭样品对汞蒸气的吸附仍然显著。显然，在对本试验现象解释时，凝结理论不完全适用。

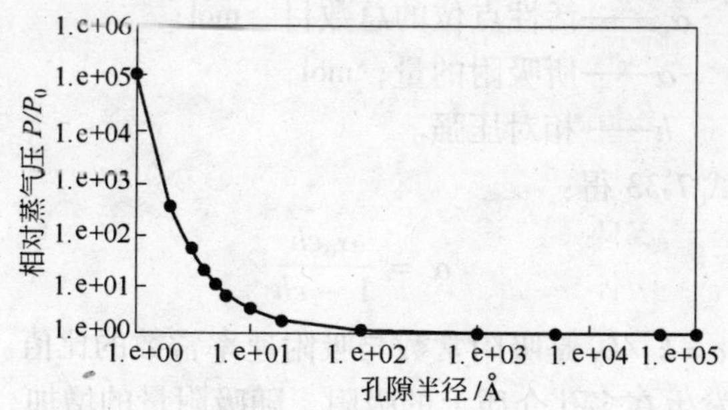

图7-16 Kelvin 方程对汞相对蒸气压和孔隙半径相关关系的预测
(1Å=0.1nm)

7.8 汞吸附等温线的数学描述

如前所述，吸附过程通常用吸附等温线的形式来描述，等温线表达出一定温度下吸附质气体压强和其吸附量的相关关系。许多研究者在吸附等温线的数学描述方面做过卓有成效的工作，提出许多数学模型。但对于复杂的实际吸附过程，要将其中所有相关的重要参数均包含在其数学表达(即理想模型)中非常困难。所以许多研究者在建模过程中首先设定某些假定条件。而这样带来的结果是：没有一种现有模型能完整而准确地预测整个压强范围内的吸附数据。其中常用的先决条件为界面吸附点位的同质假设并忽略被吸附分子间的相互作用，如 DZS 模型[77]。此模型最初用来描述水蒸气在炭质表面的吸附过程，为典型Ⅲ型等温线。Dubinin 首先假定在吸附表面上存在固定数量的吸附中心，即活性点位，当一个水分子被吸附在吸附中心，此水分子可充当更多水分子进一步吸附的“中介”(二级中心)。其中吸附层概念并未引入至模型中，而是假设吸附速率同自由活性点位和二级中心的总数量成正比，并且吸附速率与总吸附量成正比[81]。基于这些假设构建出的 DZS 模型如式 7-33：

$$k_{\alpha}(\alpha_0 + \alpha)h = k_{\mathrm{d}}\alpha \tag{7-33}$$

式中 k_{α} 和 k_{d}——吸附和吸附速率常数；

α_0——活性点位的总数目，mol；

α——所吸附的量，mol；

h——相对压强。

整理式 7-33 得：

$$\alpha = \frac{\alpha_0 ch}{1 - ch} \tag{7-34}$$

其中 $c = k_{\alpha}/k_{\mathrm{d}}$ 是吸附常数与吸附速率常数的比值。

对于发生在多孔介质上的吸附，随吸附量的增加，其自由吸附中心相应减少。将此因素考虑在内，需引入附加因子 $(1 - k\alpha)$ 至式 7-34[82]：

$$k_{\alpha}(\alpha_0 + \alpha)(1 - k\alpha)h = k_{\mathrm{d}}\alpha \tag{7-35}$$

重新整理此式，则得出 DZS 方程：

$$\frac{\alpha}{h} = c\alpha_0 + c(1 - k\alpha_0) - ck\alpha^2 \tag{7-36}$$

式中 $c = k_{\alpha}/k_{\mathrm{d}}$；参数 α_0、c 和 k 可通过图解法和曲线拟合法求

得；k_α 取值范围为 0 ~ 1。

尽管式 7-36 比式 7-33 复杂，α 和 h 的关系也复杂(包含平方根函数)。但从实际的角度出发，前者更实用。式 7-34 和式 7-35 的限制条件之一是单层吸附假设，但实际上的吸附过程(如水在炭质上的吸附)并非如此。所以对于多层吸附，式 7-33 和式 7-35 可修正如下：

$$k_\alpha(\alpha_0 + f(\alpha))h = k_d\alpha \tag{7-37}$$

$$k_\alpha(\alpha_0 + f(\alpha))(1 - k\alpha)h = k_d\alpha \tag{7-38}$$

其中 $f(\alpha)$ 是 α 的函数，$f(\alpha)$ 可以取以下的形式：

$$f(\alpha) = \alpha^m \tag{7-39}$$

或

$$f(\alpha) = n\alpha \tag{7-40}$$

对于单层吸附，式 7-39 中 $m = 1$，式 7-40 中 $n = 1$，式 7-40 是简化形式，更容易进行数学处理以获得明显的 α-h 相关关系。合并式 7-37 和式 7-40 得：

$$k_\alpha(\alpha_0 + n\alpha)h = k_d\alpha \tag{7-41}$$

整理式 7-41，得：

$$\alpha = \frac{\alpha_0 ch}{1 - cnh} \tag{7-42}$$

实际上，式 7-42 的更一般形式为：

$$\alpha = \frac{Ah}{1 - Bh} \tag{7-43}$$

同 Langmuir 模型或 BET 模型相类似。

常数 $c = k_\alpha / k_d$，与吸附过程中自由能改变有关。

$$\Delta G^0 = -RT\ln\left(\frac{1}{c}\right) \tag{7-44}$$

或

$$\frac{1}{c} = \exp\left(\frac{-\Delta G}{RT}\right) = \exp\left(\frac{-\Delta H}{RT}\right)\exp\left(\frac{\Delta S}{R}\right) = \frac{1}{c}\exp\left(\frac{-\Delta H}{RT}\right) \tag{7-45}$$

式中 ΔG——吸附过程中自由能改变；

ΔH——吸附过程中焓变；

ΔS——吸附中的熵变；

R——气体常数；

T——绝对温度，K；

c——常数。

将静态试验数据用模型式 7-42 拟合，结果如下：

(1) HXT 活性炭。

$$\alpha = -34.6 \times (-0.005252) \times h / (1 + 0.005252 \times (-0.403) \times h)$$

Goodness of fit：

R-square：0.6662

Adjusted R-square：0.4437

RMSE：40.16

(2) XJ 残炭。

$$\alpha = -6.185\mathrm{e}-005 \times (-1280) \times h / (1 + 1280 \times (-1.326)\mathrm{e}-006 \times h)$$

Goodness of fit：

R-square：0.9059

Adjusted R-square：0.9099

RMSE：6.187

(3) FS 残炭。

$$\alpha = -2.809 \times (-0.1322) \times h / (1 + 0.1322 \times 0.05705 \times h)$$

Goodness of fit：

R-square：0.6979

Adjusted R-square：0.4965

RMSE：8.057

HXT 活性炭、XJ 残炭和 FS 残炭的模型预测值和试验数据的对比分别可见图 7-17 ~ 图 7-19。可见 XJ 残炭的吸附等温线最符合 DZS 模型 7-42，其 R^2 为 0.9059，因此可用 BET 公式较准确预测。而 DZS 模型对 FS 残炭及 HXT 活性炭数据的拟合精度不太

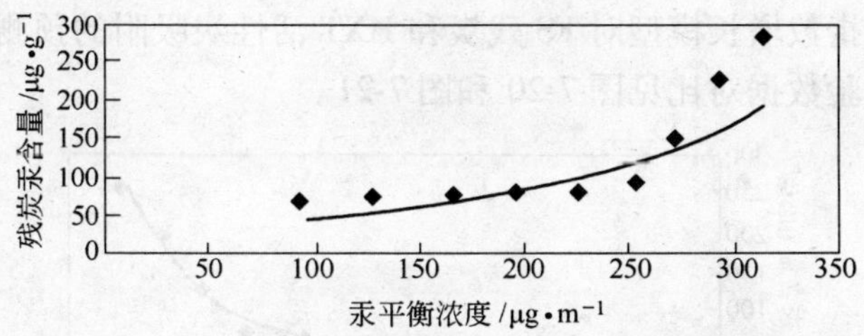

图 7-17　HXT 活性炭 DZS 吸附模型的预测结果

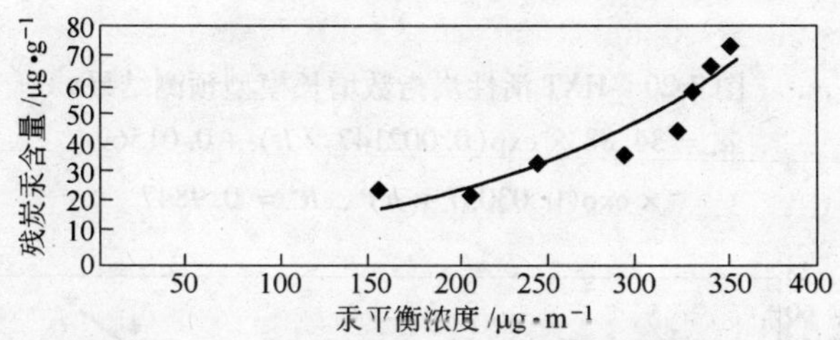

图 7-18　XJ 残炭 DZS 吸附模型的预测结果

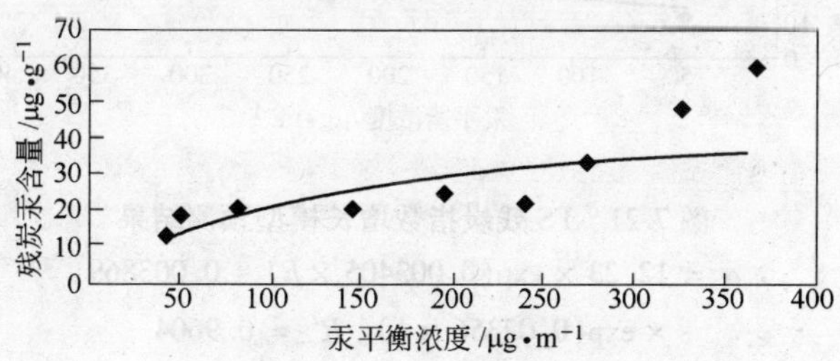

图 7-19　FS 残炭 DZS 吸附模型的预测结果

理想，可能是由于炭质表面性质的差异（可能因为 XJ 残炭表面上的活性点位（高能量点）数目多于 FS 残炭），而导致吸附质与吸附剂相互作用与 Dubinin 的理想条件有一定偏差所致。若仅用于预测目的，其吸附等温线可用指数增长函数或神经网络模型，在试验的汞质量浓度范围内进行数学描述，但其中参数的物理意义并不清楚。另外对吸附等温线的预测只局限于实验测量范围内，指数增长模型对 FS 残炭和 HXT 活性炭吸附的预测值及二者的实验数据对比见图 7-20 和图 7-21。

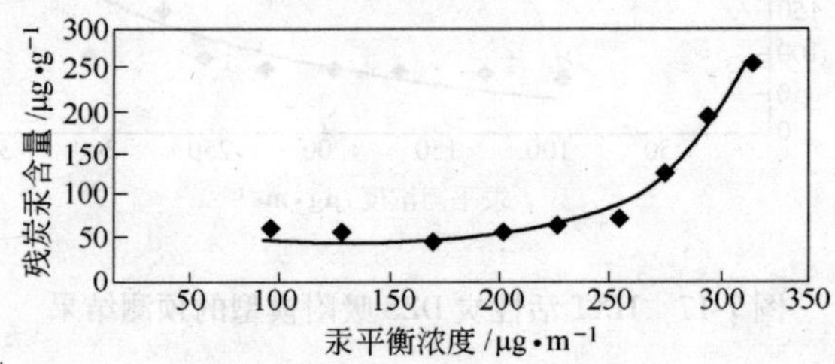

图 7-20 HXT 活性炭指数增长模型预测结果

$$\alpha = 34.88 \times \exp(0.002147 \times h) + 0.01569 \times \exp(0.03037 \times h),\ R^2 = 0.9847$$

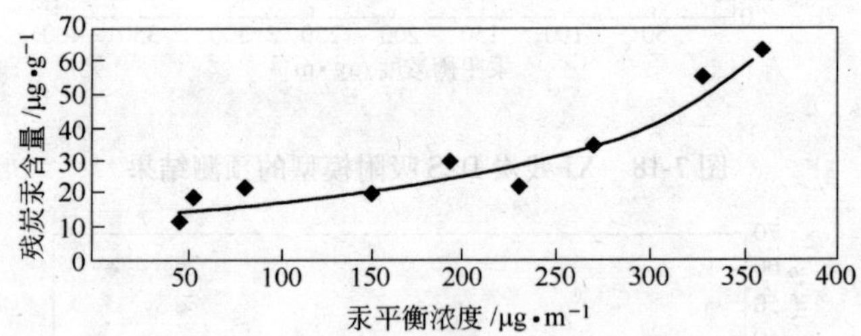

图 7-21 FS 残炭指数增长模型预测结果

$$\alpha = 12.23 \times \exp(0.003405 \times h) + 0.003869 \times \exp(0.02356 \times h),\ R^2 = 0.9604$$

当汞质量浓度小于 250μg/m^3 的范围时，汞吸附量增长明显平缓。在汞质量浓度大于 250μg/m^3 后，汞吸附量便又呈显著增长趋势，表明其中发生了多层吸附。

7.9 结论

炭质前驱体(即炭质的起源因素)对汞吸附行为的影响比其比表面积和孔径分布更大，FS 残炭和 XJ 残炭的吸附等温线凹度不同。在与电厂烟气汞质量浓度相近的低汞质量浓度条件下(小于250μg/m^3），FS残炭和XJ残炭的汞吸附能力与活性炭的差距减小，在高汞质量浓度端，商业活性炭的吸附量则明显升高。残炭的吸附等温线类似于Ⅱ型等温线，活性炭吸附等温线则明显具有Ⅲ型等温线特征，吸附等温线类型的不同反映出炭质吸附机理的差别。温度与残炭的汞吸附能力呈显著负相关关系。汞具有高表面张力γ并与炭质吸附剂的接触角值大，在理论上会导致炭质材料对汞的吸附能力较弱，而静态吸附实验结果表明炭质吸附剂表面存在活性点位，从而使其吸附过程得到加强。其吸附机理可解释为：汞原子首先被吸附在界面的活性点位处，并随后充当蔓延增殖吸附的基点，吸附更多自由汞原子。其中的活性点位可能为含氧官能团（如COOH）、微量元素（如S、Se和Hg等）。吸附质在上述点位处的吸附以化学吸附为主，而随后的蔓延增殖吸附则为物理吸附。XJ残炭的吸附等温线可用DZS方程进行较准确描述，而DZS模型对FS残炭和HXT活性炭等温线的拟合结果不如对XJ残炭的拟合效果好，与炭质表面性质的差异有关。

总之，从技术经济的角度考虑，未燃尽残炭作为廉价的吸附剂，对于低汞质量浓度的燃煤烟气的汞污染控制具有独特的优势。

8 载汞残炭的汞脱附研究

8.1 概述

载汞残炭的再生工艺类似于固体废料的汞提取工艺。从固体废料中回收和利用汞的相关技术在矿业及冶金工程中相当成熟，现有的工艺技术主要有热处理、湿法冶金加工和物理分离。

最普遍的热处理技术是通过在空气中加热含汞固体废料（温度超过汞的沸点357℃），使其中的液相汞直接或经过氧化还原反应而转化为气相。所生成的汞蒸气可通过凝结作用而得到回收，此工艺常用来回收固体废料中的物理吸附汞：

$$Hg_{(l)} \longrightarrow Hg_{(g)} \tag{8-1}$$

废料中其他形态的汞可通过热氧化反应（与空气或纯氧）回收。最典型的例子就是从辰砂中提取汞：

$$HgS(s) + O_2(g) \longrightarrow Hg(s) + SO_2(g) \tag{8-2}$$

热处理技术所需要的典型设备包括回转炉、多边炉、固定炉和流化床炉等。

对于湿法冶金加工，首先通过淋滤作用，将汞从固体废料中分离出来，再经过富集加以回收，其中根据汞赋存形式的不同选择相应的提取液。海波-氯法可有效溶解大多数赋存形态的汞，并且在氯碱工业废料的处理中得到广泛应用[83]。碘络和吸收-电解法除汞工艺[84]在冶炼厂汞回收工艺中得到普遍应用。

由于汞及其化合物的高密度特性，可以使用物理分离的方法，如应用摇床分离单质汞。

鉴于时间和条件的限制，这里只考虑热处理加工以回收载汞残炭中的吸附汞。

8.2 试验原料制备

脱附实验原料部分为第 6 章穿透吸附试验中所得到的 FS 和 XJ 载汞残炭，在进行脱汞试验前，载汞残炭样品进行原子荧光光谱分析以测定其初始质量浓度。

8.3 试验步骤

称量大约 1g 制备好的载汞残炭，置于坩埚内。在实验室马弗炉内加热 2h，加热温度分别为：200℃、300℃和 400℃。经过热处理的样品随之封存，并进行原子荧光光谱分析。

8.4 试验结果

通过脱附实验测定温度对汞脱附的影响。对于残炭 FS 的影响如图 8-1 所示。加热前的汞含量为 $2.914\times10^{-3}\%$，在 200℃加热两小时后降至 $1.379\times10^{-3}\%$，汞脱附率为 52.68%；300℃下的脱附率为 87.54%，400℃为 97.77%，可见汞的脱附率随加热温度的提高而升高。残炭 XJ 的脱附结果如图 8-2 所示，其初始汞含量为 $3.436\times10^{-3}\%$，200℃下的汞脱除率为 46.43%，300℃的为 89.38%，而 400℃的为 98.81。残炭 XJ 表现出了相似的变化趋势。载汞残炭在 400℃时还不能达到完全脱附，暗示残炭对汞的吸附既有物理吸附，又有化学吸附。物理吸附的汞可在

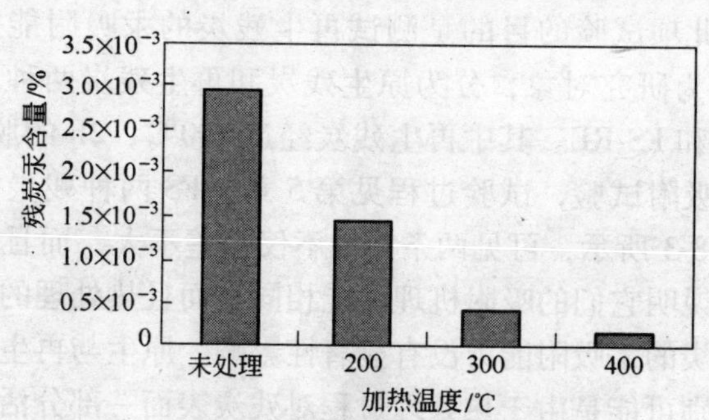

图 8-1 加热温度对 FS 残炭汞脱附的影响

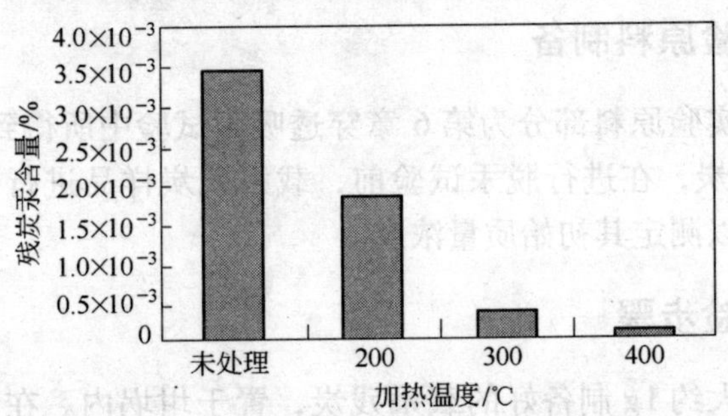

图 8-2　加热温度对 XJ 残炭汞脱附的影响

较低温度下脱附，而化学吸附的汞则需要较高温度。

脱附实验数据表明，通过在空气中的单纯加热，可以有效地回收残炭的吸附汞。回收率可达 97.76%。另外，通过脱附实验数据，从另外一个侧面也可以了解到，残炭对汞的吸附可分为不同的能级。即其表面对应不同的吸附热，存在不同的吸附活性点：温度较低时，汞原子吸附在低能级活性点上，且这部分汞也最容易脱离残炭表面；而在高温下被吸附的汞原子，则被高能级活性点所吸附，这部分汞相应较难脱离残炭表面。这个测试结果支持第 6 章中的吸附机理讨论。

8.5　再生残炭的汞吸附试验

进行此项试验的目的是测试再生残炭的汞吸附能力。选择 FS 残炭作为研究对象，分为原生残炭和再生残炭两种，分别记作 FS-OR 和 FS-RE。其中再生残炭经过 400℃，2h 的脱附过程。进行静态吸附试验，试验过程见第 5 章。FS 两种残炭的吸附等温线如图 8-3 所示，可见两条曲线不仅相差不大，而且变化趋势也近似。说明它们的吸附机理可能相同，而且热处理的加工方式对此种残炭的汞吸附能力没有显著性影响。原生与再生残炭吸附性能的差别可能是由于热处理过程对残炭表面一部分活性点的破坏所致。

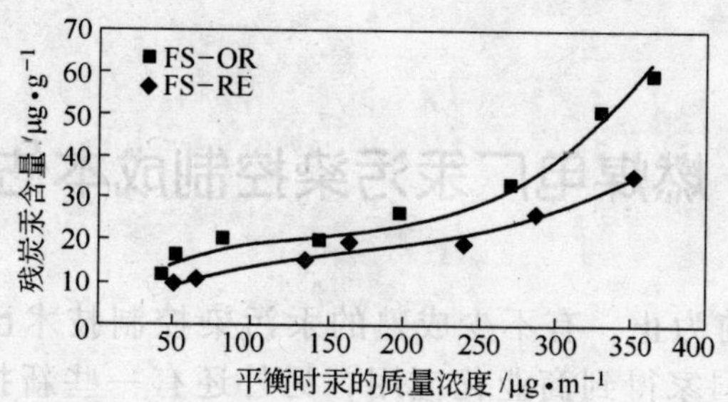

图 8-3 原生和再生 FS 残炭的吸附等温线比较（20℃）

8.6 结论

通过热处理方式，FS 和 XJ 载汞残炭可被有效再生，汞的脱附率受温度控制，表明残炭汞吸附的不同能级分布。FS 再生残炭同其原生残炭的吸附等温线相近，其汞吸附性能比原生残炭有所下降，可能是在残炭的回收过程中，活性点数目减少所致。汞受热蒸发可能是主要的脱附机理。

9 燃煤电厂汞污染控制成本估计

到目前为止，有不少成熟的汞污染控制技术已经在发达的工业化国家得到商业化应用，另外还有一些新技术处于不同的研究发展阶段。对于现代化的燃煤电厂，常常组合使用两种（及以上）的汞污染控制技术（燃前洗选加工、选配燃煤、吸附剂喷入、淋滤控制等），以达到有效控制燃煤汞污染的目的。不同控制技术对汞系污染物的选择性脱除率及其成本效率千差万别，企业的决策层常常需要在相关的政策法规和汞污染控制措施的技术经济性之间选择（如：从纯技术角度出发，汞脱除效应极佳的方案，但其经济性可能不好）。

燃前洗选是在煤炭化学能转化为热能之前，预先除去一部分煤中所赋存的汞，从而减少煤燃烧时所释放的汞污染物；而燃煤的选择配比，则是通过选择（或通过配煤的方式）燃烧低汞含量的燃料煤，以达到降低燃煤汞污染的目的。上述两种方案均具有成本低廉、易于实施的优点。燃后的烟道气处理措施如：湿法涤气、布袋除尘和吸附剂喷入，可操作性强且对燃料没有选择性，缺点是其中部分技术运行成本高。所以在实际运用中，应综合考虑燃煤电厂类型、燃煤种类、燃煤是否经过洗选加工、烟道气污染控制的现有装备情况等因素，经过技术经济评价以得到优化方案。不同汞污染控制技术的应用现状、运行成本及脱汞效率如表9-1所示，其中相当一部分技术源自其他行业的汞污染控制，对燃煤汞污染控制不适用。燃煤汞污染的特点是流量大、质量浓度低，且需要低成本的汞污染控制措施。虽然一些汞污染控制技术的除汞效率很高，但如果不做组合使用，其汞脱除率很难达到90%以上。

表9-1 常用气相汞污染控制技术一览表

汞污染控制技术		应用状态	成本	应用潜力	附注
燃料匹配	低汞煤	商业化应用	低	低	在经济条件许可的情况下,优先使用低汞煤,可配合煤的洗选加工联合使用
	燃料油	商业化应用	低、中	低、中	以10%~20%伴同燃烧,需做较大的设备改动
	天然气	商业化应用	低、中	低、中	以10%~20%伴同燃烧,需做较大的设备改动
	生物质	商业化应用	低、中	低、中	以10%~20%混合燃烧,需做较大的设备改动
	固体废料	商业化应用	中	低	燃前需要进行预先分离和预处理,需做较大的设备改动
	石油焦	商业化应用	低	低	以5%~10%混合燃烧,需注意控制火焰稳定性,需做较大的设备改动,需要进行预先分离和预处理,燃烧控制和设备需要升级
	轮胎原燃料	商业化应用	低	低	以5%~10%混合燃烧,燃前需要进行预先分离和预处理,需做较大的设备改动,燃料来源有限
燃料洗选加工	传统技术	商业化应用	低	低	美国东部燃料煤的分选率达70%
	改进技术	接近商业化	高	中	处于试用阶段
	热液处理	研究发展阶段	中	高	只有一些前期的实验室试验结果,其商业化前景未做预测

续表 9-1

汞污染控制技术		应用状态	成本	应用潜力	附注
吸附剂喷入技术	活性炭	商业化应用	低、中	中、高	需建立独立的喷射系统，对环境温度敏感
	钙质吸附剂	研究-商业化应用	低、中	低、中	需建立独立的喷射系统，且要建立预处理系统
	黏土类吸附剂	研究-商业化应用	低、中	低	需建立独立的喷射系统
	钠质吸附剂	研究发展阶段	低、中	低、中	需建立独立的喷射系统，且要建立预处理系统
	金属氧化物吸附剂	研究-商业化应用	低、中	中、高	需建立独立的喷射系统
吸附/过滤床技术	炭质固定床	商业化应用	中	高	需添加附加固定床吸附设备，需要额外空间，设备改型困难
	流化床	商业化应用	中、高	高	需添加附加固定床吸附设备，需要额外空间，设备改型困难
	硒床过滤	研究发展阶段	中、高	中、高	成本高，商业前景不明朗
	镀金蜂巢	研究发展阶段	高	高	成本高，脱汞效率高，商业前景不明朗
FGD综合作用	传统湿法石灰石	商业化应用	中、高	低、中	需添加附加固定床吸附设备，需要额外空间，设备改型困难，只能脱除水溶性汞污染物
	传统湿法石灰	商业化应用	中、高	低、中	需添加附加固定床吸附设备，需要额外空间，设备改型困难，只能脱除水溶性汞污染物
	传统干法FGD	商业化应用	中、高	低、中	需添加附加固定床吸附设备，需要额外空间，设备改型困难，只能脱除水溶性汞污染物

续表 9-1

汞污染控制技术		应用状态	成本	应用潜力	附 注
FGD综合作用	改进湿法石灰石（通过固体/化学/电学方法转化零价汞至可溶高价态）	研究发展阶段	中、高	中、高	需添加附加固定床吸附设备，需要额外空间，设备改型困难，只能脱除水溶性汞污染物，未进入实用阶段
	改进湿法石灰（通过固体/化学/电学方法转化零价汞至可溶高价态）	研究发展阶段	中、高	中、高	需添加附加固定床吸附设备，需要额外空间，设备改型困难，只能脱除水溶性汞污染物，未进入实用阶段
低温冷却	冷凝热交换器	商业化应用	中	高	需添加附加固定床吸附设备，需要额外空间，设备改型困难，可同时去除其他可凝污染物，具有潜在腐蚀性
	湿法 ESP	商业化应用	中、高	中、高	需添加附加固定床吸附设备，需要额外空间，设备改型困难，可同时去除其他可凝污染物，具有潜在腐蚀性
能源效率及转化	提高电厂能源转化效率	研究-商业化应用	低	低	已做大量工作，结合计算机优化设计进行设备和工艺革新
	提高消费者电能利用效率	研究-商业化应用	低	低	已做大量工作，需用电终端设备设计者的合作，以提高用电设备的能量效率，用户还需加强节能意识
相关法规条例制定	峰值用电相关法案	商业化应用	低	低	已制定，还需加强和完善
	绿色能源计划	商业化应用	低	低	受诸多可再生能源自身条件限制，利用的技术条件尚待提高

美国环保局(EPA)通过实验室模拟和对实际电厂的测量数据分析入手，对两种成熟的、已经得到普遍应用的汞污染控制技术做了相应分析评价：早期的活性炭喷入技术，在汞脱除率为90%的情况下，每脱除1kg汞的技术成本为$11023~61728[85]，折合到电价中的涨幅为0.1~0.8美分/(kW·h)，越是小电厂(200MW)，其电价涨幅值越高。近年来随着除汞技术的进步，其电价涨幅值有所降低：在0.03~0.4美分/(kW·h)之间，若包含HS-ESP在内，则其范围为0.03~0.2美分/(kW·h)。如果应用石灰-活性炭化合物，则电价涨幅值会更低。

燃煤飞灰浮选柱的技术经济指标概算。为了考察残炭除汞工艺的经济适用前景，本研究作了不同炭质的除汞工艺(喷炭+布袋除尘+余热汞回收)的综合成本估算见表9-2。本研究以0.63m^3/h的半工业化双射流浮选柱工艺为例，采用类比法，参考煤炭浮选柱浮选的成本核算，算得飞灰残炭的浮选成本不超过500元/t(市场价，包括合理的利润值)。

表9-2 不同炭质除汞工艺(喷炭+布袋除尘+余热汞回收)的综合成本估算

炭质	原料价格/元·t^{-1}	使用量/g	使用成本/元·g^{-1}	回收成本/元·g^{-1}	总成本/元·g^{-1}
HXT	4200	18000(小于0.353mm的活性炭)	75.6	2.7	78.3
FS	500	91800	45.9	13.77	59.67
XJ	500	84600	42.3	12.69	54.99

注：HXT的价格取市场价的低端产品价格，FS、XJ残炭的价格均按500元/t计算。

上述计算只是一个大概的经济概算，肯定会有一些未预见的因素没有考虑进去，所以只作为参考。从表9-2可见，虽然残炭的循环使用量大，但综合的除汞成本却要低得多。而且这是在高汞质量浓度下的计算值，若按实际烟气的平均汞质量浓度计算，则残炭的使用量还要减少。

所以若工业锅炉采用残炭以取代活性炭，在不考虑其他可预见及不可预见因素的前提下，此工艺系统具有良好的应用前景。现在我国已经建有大量的煤炭洗选加工厂，其中绝大部分均设有浮选工艺，经过适当的改造便可适应飞灰残炭的浮选要求，所以整套工艺有进一步向工业化开发应用的价值。

索　引

七画

八画

九画

十画

十一画

十二画

十三画

十四画

十五画

十六画

十七画

参考文献

1 Otani Y, Emi H, Kanalka C. Removal of mercury vapor from air with sulfur impregated adsorbents. Environ. Sci. Technol, 1988, 22: 708-711

2 Morency J R. Control of mercury in fossil fuel-fired power generation. Presented at the Tenth Annual coal preparation, Utilization, and Environmental control contractors conference, Pittsburgh, PA, July 1994

3 Pavlish J H, Sondreal E A, Mann M D, et al. Status review of mercury control options for coal-fired power plants. Fuel processing technology, 2003, 82: 89-165

4 [汉]司马迁. 史记. 长沙：岳麓书社，1988：956

5 [汉]许慎. 说文解字. 上海：上海古籍出版社，1981：918

6 黄志杰，姚昌绶，俞小平. 中医经典名著精译丛书 第一部：黄帝内经、神农本草经、中藏经、脉经、难经精译. 北京：科学技术出版社，1999：840

7 [宋]唐慎微. 证类本草. 北京：华夏出版社，1993：663

8 Senior C L, Helble J J, Sarofim A F. Emissions of mercury, trace elements, and fine particles from stationary combustion sources. Fuel processing technology, 2000, 66: 263-288

9 Reimann D O. Position of airborne mercury near point sources. Water, Air, and Soil pollution, 1974, 13: 179-193

10 Schlager R J, Durham M D, marmaro R W. Real-time analysis of total, elemental and total speciated mercury. Tenth Annual Coal Preparation, Utilization, and Enviromental control Contrator Conferrence, Pittsbugh, PA, July 1994

11 Senior C L, Helble J J, Sarofim A F. Emissions of mercury, trace elements, and fine particles from stationary combustion sources. Fuel Processing Technology, 2000, 65: 263-288

12 冯新斌，洪业汤，倪建宇，等. 我国煤中汞的分布、赋存状态及对环境的影响. 煤田地质与勘探，1998, 26(2): 12-14

13 Equilibrium P M, Noble J S, Zuniga R W. Mercury stacr emisson from U. S. electric utility power plants. Water, Air, Soil Pollut. 1995, 80(1): 135-144

14 王起超，马如龙. 煤及其灰渣中的汞. 中国环境科学，1997, 17(1): 76-78

15 冯新斌. 中国燃煤向大气排放汞量的估算. 煤矿环境保护，1996, 10(3): 10-13

16 Zhang J Y, Ren D Y, Xu D W. Distributions and emission of mercury in Trasenic coal from Longtoushan syncline in southwestern Guizhou, P. R. China, 1999. 10th international coal conference, Taiyuan, Sep. 1999

17 Equilibrium P. Mercury stacr emisson from U. S. electric utility power plants. Water,

Air, Soil Pollut, 1995, 80(1): 135-144

18 Kevin C G, Christopher J Z. Mercury transformations in coal combustion flue gas. Fuel Processing Technology, 2000, 65: 289-310

19 刘迎晖，郑楚光，程俊峰，等. 燃煤烟气中汞的形态及其分析方法. 燃料化学学报, 2005, 28(5): 463-467

20 Kevin C G, Christopher J Z. Mercury transformations in coal combustion flue gas. Fuel processing technology, 2000, 65: 289-310

21 刘迎晖，徐杰英，郑楚光. 燃煤烟气中汞的形态分布及热力学模型预报. 华中科技大学学报, 29(8): 90-92

22 Germani M S, Zoller W H. Vapor-Phase Concentrations of Arsenic, Selenium, Bromine, Iodine and Mercury in the Stack of a Coal-Fired Power Plant. Environmental Science and Technology, 1988, 22: 1079-1085

23 Hall B, Schager P, Lindqvist O. Chemical reactions of mercury in combustion flue gases. Water, Air and Soil Pollution, 1991, (56): 3-14

24 Bergstrom J G T. Mercury behaviour in flue gases. Waste management and Research, 1987, 4: 57-64

25 王起超，沈文国，麻壮伟. 中国燃煤汞排放量估算. 中国环境科学, 1999, 19(4): 318-321

26 Dajnak D, Clark K D, Lockwood F C, et al. The prediction of mercury retention in ash from pulverised combustion of coal and sewage sludge. Fuel, 2003, 82(15): 1901-1909

27 王起超，马如龙. 煤及其灰渣中的汞. 中国环境科学, 1997, 17(1): 76-79

28 Chu P, Porcella D B. Mercury stack emissions from USA electric utility power plants. Water, air and soil pollution, 1995, 80: 135-144

29 刘俊华，王文华，彭安. 北京市两个主要工业区汞污染及其来源的初步研究. 环境科学学报, 1998, 18(3): 331-336

30 蒋靖坤，郝吉明，吴烨，等. 中国燃煤汞排放清单的初步建立. 环境科学, 2005, 26(2): 34-39

31 汪洪生，何德文. 欧洲城市垃圾焚烧及烟气净化. 江苏环境科技, 1999, 12(3): 34-36

32 张俊姣，董长青，刘启旺. 城市生活垃圾焚烧过程中汞污染防治研究. 能源研究与利用, 2001, (6): 17-44

33 Krishnan S V, Gullett B K, Jozewicz W. Mercury control in municipal waste combustors and coal-fired utilities. Environmental Progress, 1997, 16(1): 47-53

34 Mercer T T. Adsorption of mercury vapor by gold and silver. Analytical Chemistry, 1979, 51: 1026-1030

35 Carey T R, Richardson C F, Chang R, et al. Assessing sorbent injection mercury control effectiveness in flue gas streams. Environmental Progress, 2000, 19(3): 167-174

36 Lee C W, Li Y H, Gullett B K. Importance of activated carbon's oxygen surface functional groups on elemental mercury adsorption. Fuel, 2003, 82(4): 451-457

37 Huggins F E, Huffman G P, Dunham G E, et al. XAFS examination of mercury sorption on three activated carbons. Energy & Fuels, 1999, 13(1): 114-121

38 Korpiel J A, Vidic R D. Effect of sulfur impregnation method on activated carbon uptake of gas-phase mercury. Environmental Science and Technology, 1997, 31(8): 2319-2325

39 Zamora R M, Schouwenaars R, Moreno A D, et al. Production of activated carbon from petroleum coke and its application in water treatment for the removal of metals and phenol. Water Science and Technology, 2000, 42(5): 119-126

40 Hsi H C, Rood M J, Rostam A M, et al. Mercury adsorption properties of sulfur-impregnated adsorbents. Journal of Environmental Engineering, 2002, 128(11): 1080-1089

41 Huang H S, Wu J M, Livengood C D. Development of dry control technology for emissions of mercury in flue gas. Presented at the Fourth International Congress on Toxic Combustion Byproducts, Berkeley, California, 1995

42 Chlebnikov B I, Grigorieva T N, Rashkovsky G B. Development of gold and silver extraction technology from ores and intermediate products containing mercury. Mineral Processing and Extractive Metallurgy Review, 1995, 15(1-4): 136-141

43 Jurng J, Lee T G, Lee G W, et al. Mercury removal from incineration flue gas by organic and inorganic adsorbents. Chemosphere, 2002, 47(9): 907-913

44 Weekman V W, Yan T Y. Regenerative mercury removal Process. U. S. Pat., No. 5419884, 1995

45 Miller S J, Dunham G E, Olson E S, et al. Flue gas effects on a carbon-based mercury sorbent. Fuel Processing Technology, 2000, 65(1): 343-363

46 Telsvang K R, Vieiser G J, Nielsen K K. Air toxics control by pray dryer absorption systems. Second International Conference on Managing Hazardous Air Pollutants, Washington, D. C, 1993

47 Guest T M, Knizak O. Mercury control at Burmaby's municipal waste incinerator. 84th Annual Meeting & Exhibition, Air & Waste Management Association, Vancouver, B. C, 1991

48 White C M, Kelly M J, Palazzolo M A. Parametric evaluation of activated carbon injection for control of mercury emissions from a municipal waste combustor. Paper No. 92-40. 06, Annual Meeting, Air & Waste Management Association, Kansas City, Missouri, 1992

49 Teller A, Quimby J. Mercury removal from incineration flue gas. Presented at the 84th meeting of the AWMA, Vancouver, B. C, 1991
50 Lovett W D, Cunniff F T. Air pollution control by activated carbon. Chemical Engineering Progress, 1974, 70(5): 43-47
51 Markovs J. Purification of fluid stream containing mercury. U. S. Pat., No. 4874525, 1989
52 Fujisawa Y. Mercury removal from flue gas for municipal refuse incineration plants. NKK Technical Report, 1988: 123
53 Linengood C D, Mendelssohn M H, Huang H S, et al. Development of mercutycontrol technoques for utility biolers. Presented at the 88th Annual Meeting and Exhibition of the Air & Waste Management Association. San Antonio, Texas. June 18-23, 1995
54 Brown J J, Jesse J, Brown N R. Heavy metal/particulate trap for hot gas clean-up. U. S. Pat. 5354353, 1994
55 Gottschalk J, Buttmann P. MoFSrn flue-gas cleaning system for waste incineration plants. Filtration Sep, 1996, 33(5): 383-388
56 Jozewicz W, Krichnan S V, Gullett B K. Bench-scale investigation of mechanisms of elemental mercury capture by activated carbon. Proceedings of Second International Conference on Managing Hazardous Air Polutants, 1993, Washington D. C. EPRI TR-104295
57 Krishnan S V, Gullett B K, Jozewlcz W. Sorption of elemental mercury by activated carbon. Environ. Sci. Technol., 1994, 28: 1506-1512
58 Sinha R K, Walker P L. Removal of mercury by sulfurized carbon. Carbon, 1972, 10: 754-756
59 Sakulpitakphon T H, James C, Trimble A S, et al. Mercury capture by fly ash: study of the combustion of a high-mercury coal at a utility boiler. Energy and Fuels, 2000, 14 (3): 727-733
60 Seigneur C, Abeck H, Chia G, et al. Mercury adsorption to elemental carbon (soot) particles and atmospheric particulate matter. Atmospheric Environment, 1998, 32(14-15): 2649-2657
61 Serre S D, Silcox G D. Adsorption of elemental mercury on the residual carbon in coal fly ash. Industrial and Engineering Chemistry Research, 2000, 39(6): 1723-1730
62 何新露. 粉煤灰选炭的试验研究. 粉煤灰综合利用, 1999, 03(5): 15-18
63 Peng, Suping, Wang , Ligang. Morphology characteristics study to interface between granules in autoclaved cellular concrete. Journal of China coal society, 1999, 24(3): 22-25
64 Linak W P, Wendt. Trace Metal Transformation Mechanisms during Coal Combustion.

Fuel Processing Technology. , 1994, 39: 173-178
65 邵靖邦，王祖讷．降低粉煤灰含炭量的途径．中国煤炭，1998，24．（10）：17-19
66 李长青，袁春林，宋英杰．浅谈粉煤灰除炭技术．粉煤灰，1998，（4）：34-35
67 魏镜，杨波．微细粒重选技术研究．昆明理工大学学报，2001，26（1）：46-63
68 Finch J A, Dobby G S. Column flotation. Pergamon press, Oxford, England
69 Zisman W A. Relation of equilibrium contact angle to liquid and solid contraction. Adv. Chem. Ser. , 1994, 43: 1-51
70 Lynch A J, Johnson N W, Manlapig E V, et al. Mineral and coal flotation circuits: their simulation and control. Elsevier scientific publishing company press, New York, 1981
71 Fuerstenau D W, Diao J, Williams M C. Characterization of the wettability of solid particles by film flotation 1: Experimental investigation. Colloids and surfaces, 1991, 60: 127-144
72 Orumwense F O. Estimation of the wettability of coal from contact angles using coagulants and flocculants. Fuel, 1998, 77(9): 1107-1111
73 Musa S G. Flotation characteristics of oxidized coal. Fuel, 1995, 74(2): 291-294
74 Alekseev A D, Vasilenko T A. Measurement of closed pore volume of coals. Fuel, 2000, 79(6): 635-643
75 Senel I G, Gurz A G, Sarofim A F. Characterization of pore structure of Turkish coals. Energy and Fuels, 2001, 15(2): 331-338
76 Admson A W. Physical Chemistry of Surfaces. Fifth Edition. New York: John Wiley & Sons, Inc. 1990
77 Brunauter S. The Adsorptiion of Gases and Vapros. Volume 1, New Jersey: Princeton University Press, 1945
78 郝吉明，王书肖，陆永琪．燃煤二氧化硫污染控制技术手册．北京，化学工业出版社，2001：221-222
79 Dubinin M M. Theory of the bulk saturation of microporous activated charcoals during adsorption of gases and vapours. Russ. J. Phys. Chem, 1993, 39(6): 697-704
80 Kadlec O. On the theory of capillary condensation and mercury intrusion in determining carbon porosity. Carbon, 1989, 27(1): 141-155
81 Carrott P M. On the Dubinin-Serpinski equation. Adsorption Science and Technology, 1993, 10 (1-4): 63-73
82 Serpinski V V, Jakubov T S. Dubinin-Radushkevich equation as the equation for the excess adsorption isotherm. Adsorption Science and Technology, 1993, 10(4): 85-92
83 Twidwell L G. , Welby W J. The recovery and recycle of mercury from chlor-alkali plant wastewater sludge. Proceedings of the TMS Fall Extraction and Processing Conference,

1999，(2)：1765-1773

84 侯鸿斌. 韶关冶炼厂汞回收工艺及生产现状分析. 湖南有色金属，2001，17(05)：18-20

85 Pavlish J H，Sondreal E A，Mann M D，et al. Status review of mercury control options for coal-fired power plants. Fuel processing technology，2003，82：89-165